BIBLIOTHÈQUE DE L'AGRICULTEUR PRATICIEN

TRAITÉ COMPLET

DE

MÉCANIQUE AGRICOLE

PAR

J. GRANDVOINNET

INGÉNIEUR

Ancien élève de l'École centrale des arts et manufactures,
Professeur de génie rural
à l'École impériale d'agriculture de Grignon

1re PARTIE.—**MÉCANIQUE GÉNÉRALE**

livraison

PARIS

LIBRAIRIE CENTRALE D'AGRICULTURE ET DE JARDINAGE

QUAI DES GRANDS-AUGUSTINS, 41

1857

TRAITÉ COMPLET

DE

MÉCANIQUE AGRICOLE.

Paris. — Imprimerie de L. MARTINET, rue Mignon, 2.

TRAITÉ COMPLET

DE

MÉCANIQUE AGRICOLE

PAR

J. GRANDVOINNET,

INGÉNIEUR, PROFESSEUR DE GÉNIE RURAL A L'ÉCOLE IMPÉRIALE
D'AGRICULTURE DE GRIGNON.

L'abrégé d'une science n'est plus une science.

PARIS

LIBRAIRIE CENTRALE D'AGRICULTURE ET DE JARDINAGE

QUAI DES GRANDS-AUGUSTINS, 41.

— **Auguste Goin, éditeur.** —

OCTOBRE 1854.

MÉCANIQUE AGRICOLE.

INTRODUCTION.

NOTIONS DE MÉCANIQUE GÉNÉRALE OU RATIONNELLE.

PRÉLIMINAIRES.

1. La Mécanique a pour objet l'étude du *mouvement* à tous ses degrés, et celle des causes ou agents qui peuvent le produire, le modifier ou le détruire.

2. Elle vient immédiatement après la science des nombres et celle de l'étendue (arithmétique et algèbre, géométrie), sur lesquelles elle s'appuie ; elle a de nombreux points de contact avec la physique, dont le but est souvent de rendre visibles, par des expériences, les théorèmes que la mécanique rationnelle prouve mathématiquement, ou d'étudier les lois de l'action des principaux agents du mouvement (gravité, chaleur, etc.).

3. La mécanique touche à tous les phénomènes naturels : aussi son utilité est-elle générale. Ses progrès, encore tout récents, ont marqué une ère nouvelle, et ses applications aux divers arts tendent constamment à se multiplier. Si l'agriculture reste en arrière de toutes les grandes industries, sous le rapport de l'accroissement et

du bon marché de la production, c'est par suite de l'ignorance, presque universelle encore parmi les cultivateurs, de l'importance et des bons effets de l'application des machines aux divers travaux de l'exploitation agricole.

Rendre compte des ressources de la mécanique appliquée aux travaux si variés de l'agriculture ; apprendre à juger une machine et à la perfectionner ; donner les raisons des pratiques manuelles pour en régler ou étendre l'application : tels sont les buts principaux du cours que nous commençons.

4. Nous étudierons d'abord, dans une sorte d'introduction, les principes de *mécanique générale*.

ÉLÉMENTS DE MÉCANIQUE RATIONNELLE.

DÉFINITIONS GÉNÉRALES.

5. Comme toutes les sciences, la mécanique emploie quelques termes spéciaux dont il est indispensable de se faire tout d'abord une idée exacte. Nous allons donc énumérer ici les principales expressions particulières à la mécanique.

6. L'idée bien simple du *mouvement* naît de l'observation des changements de position d'un corps quelconque dans l'espace indéfini, c'est-à-dire de la considération simultanée de l'espace et du temps.

7. Les causes du mouvement, quelles qu'elles soient, ont été appelées *forces*. L'idée de force naît de l'impression que l'on éprouve lorsqu'on veut vaincre l'*inertie*

d'un corps, soit pour *mouvoir* ce corps s'il est en repos, soit pour l'*arrêter* s'il est en mouvement (ces deux impressions donnent l'idée de *force mouvante* et de *force résistante*.

8. La nature intime des forces est pour nous un mystère. Elles ne se révèlent que par leurs effets sur les corps matériels, et ne peuvent se comparer que par la comparaison même de ces effets : aussi, étudier le mouvement, c'est implicitement étudier les forces.

9. Les forces connues actuellement sont :

1° Les *attractions* : attraction terrestre ou pesanteur, attractions célestes, attractions moléculaires (cohésion, affinité);

2° La *chaleur* (dilatation, vaporisation, contraction);

3° L'*électricité* ;

4° Le *magnétisme* ;

5° Enfin les *contractions musculaires* de l'homme et des animaux.

10. Tous ces agents ne sont peut-être que des modifications matérielles d'un seul principe que l'on pourrait appeler *activité*, par opposition à ce qu'on appelle *inertie*. La mécanique ne s'occupe que des effets, et laisse à la physique le soin de rechercher la nature intime des différents agents du mouvement.

11. Les idées d'*espace* et de *temps* sont tellement élémentaires qu'elles ne comportent pas de définitions ; les mots emportent l'idée même avec eux.

12. L'idée d'un temps plus ou moins long nous est donnée par l'observation et l'énumération de phénomènes identiques qui se succèdent : telles sont les oscilla-

tions d'un pendule, la rotation de la terre, la chute de grains de sable ou de gouttes d'eau par un orifice étroit, les pulsations artérielles, etc.

Privé de points de comparaison ou négligeant l'observation des phénomènes qui se succèdent, l'homme ne peut juger de la grandeur du temps, et le trouve *court* ou *long*, selon ses impressions de plaisir ou d'ennui.

13. On appelle *durée* une portion limitée du temps, celui, par exemple, pendant lequel un *phénomène* quelconque s'accomplit.

14. Si des phénomènes identiques se succèdent, et qu'on puisse les supposer d'une durée égale, cette durée pourra servir d'*unité de temps*, et, par suite, l'énumération de ces phénomènes donnera la *mesure exacte du temps*.

15. Les instruments divers fondés sur ce principe, et qui servent à mesurer les temps écoulés, s'appellent *chronomètres :* leur justesse dépend de l'identité plus ou moins complète des phénomènes pris pour unités de mesure.

16. On nomme *instant* une durée plus petite que toute durée imaginable. Une durée peut être considérée comme une suite d'instants contigus, car il n'est pas possible de supposer le temps interrompu.

17. La *matière* est une notion primordiale que l'on a essayé de définir en disant qu'elle consiste dans tout ce qui peut affecter nos sens d'une manière quelconque. (Les diverses propriétés de la matière sont étudiées dans les cours de physique ; nous ne les rappellerons donc pas ici.)

18. On entend par *masse* une portion quelconque de matière renfermée dans une certaine étendue, et l'ensemble s'appelle *corps matériel*.

19. Le rapport de la *masse* au *volume* qui la contient a été nommé *densité* : cette expression a pour but d'indiquer *relativement* la concentration plus ou moins grande de la matière dans un certain volume. Le rapport du *poids* au volume est identiquement le même.

20. Un *point matériel* est une portion de matière dont le volume est plus petit que tout volume imaginable, et qui pourtant a un poids fini, déterminé, plus ou moins grand ; on peut s'en faire une idée en imaginant qu'un corps quelconque diminue constamment de volume par l'effet d'une compression assez grande pour réduire la matière à un volume infiniment petit sans que le poids du corps change.

21. Un *corps matériel* peut être considéré comme un assemblage de points matériels liés entre eux par des causes quelconques.

22. Des corps matériels sont dits des *milieux*, lorsque d'autres corps matériels peuvent s'y mouvoir en en déplaçant les molécules : tels sont l'air, l'eau, les gaz, etc.

LIVRE PREMIER.

DU MOUVEMENT CONSIDÉRÉ EN LUI-MÊME ET INDÉPENDAMMENT DE SES CAUSES.

DÉFINITIONS.

23. Un corps est dit en *mouvement*, lorsqu'il n'occupe chacune de ses positions dans l'espace que pendant un instant (16), et qu'il change ainsi continuellement de lieu. On l'appelle *mobile*.

24. On juge du déplacement d'un corps matériel quelconque par la considération de ses distances successives à certains points de l'espace indéfini pris pour comparaison.

25. Si ces points sont fixes, le mouvement est *absolu*, car le corps change réellement de position dans l'espace et de la manière indiquée par l'observation pure et simple.

26. Si les points de comparaison sont mobiles, le mouvement est *relatif*, car les changements réels de position dépendent des rapports divers des deux mouvements, et quelques *illusions* peuvent être la conséquence de cet état particulier de mouvement. Exemples : mouvement que semblent prendre les *arbres* d'une route pour un observateur emporté par une voiture rapide ; mouvement apparent du soleil autour de la terre, etc.

27. Un corps est dit en *repos*, lorsqu'il occupe pen-

dant un temps fini, plus ou moins long, la même position dans un espace que l'on considère comme indéfini, et que, par conséquent les distances de ce corps aux différents points de cet espace ne changent pas.

28. Le repos est *absolu*, lorsque les différents points de l'espace indéfini considérés sont eux-mêmes en repos.

29. Il est *relatif*, si ces points sont en mouvement.

30. On ne connaît pas de repos absolu : en effet, tous les objets situés sur notre globe tournent avec lui autour du soleil, qui paraît avoir lui-même un mouvement de rotation autour d'un astre encore inconnu.

Les mouvements que l'on peut étudier sont donc toujours des mouvements relatifs, mais qu'il est toujours possible de regarder comme absolus.

AXIOMES.

31. I. *Non ubiquité des corps.* — Un corps quelconque ne peut occuper, dans le même instant, deux positions distinctes dans l'espace, quelque voisines qu'on les suppose.

32. II. *Contiguïté des positions occupées par un corps en mouvement.* — Un corps quelconque ne peut passer d'une position de l'espace à une autre position distincte, c'est-à-dire à distance finie, appréciable, sans passer par une infinité de positions infiniment voisines, c'est-à-dire *contiguës* depuis la position initiale jusqu'à la dernière.

SECTION PREMIÈRE.

DU MOUVEMENT D'UN POINT MATÉRIEL.

DÉFINITIONS.

33. D'après les deux axiomes énoncés précédemment, les positions d'un point matériel en mouvement seront successives et contiguës, c'est-à-dire qu'elles formeront une ligne continue.

34. Cette ligne s'appelle *trace*, parce qu'on peut la supposer comme formée par la trace que laisserait le point dans chacune de ses positions; *chemin*, par analogie; enfin, *trajectoire*, lorsqu'on la considère comme une ligne géométrique parcourue par le point mobile.

35. Deux points géométriques infiniment voisins forment ce que nous appellerons un *élément linéaire*, parce qu'une ligne quelconque peut être considérée comme formée par une série de ces éléments.

Cet élément linéaire est une droite dont on peut avoir l'idée en supposant qu'une droite de longueur fixée diminue constamment de longueur jusqu'à ce qu'il ne reste plus que les deux extrémités; car une droite, quelque divisée qu'on la suppose, ne pourra jamais se réduire à un point unique (fig. 1).

Fig. 1.

36. Tous les éléments linéaires sont plus petits que

toute ligne de longueur appréciable, mais ils ne sont pas tous d'une égale valeur, c'est-à-dire qu'un élément linéaire peut être 2, 3, 4 ou n fois une autre infiniment petite ligne, de même qu'un point matériel peut être 2, 3, 4 et n fois plus pesant qu'un autre point matériel.

En effet, soient deux points A et B (fig. 2) assujettis à rester sur une droite OC qui tourne autour du point géométrique O. Supposons que la droite OC décrive un angle plus petit

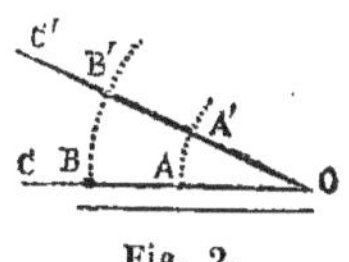

Fig. 2.

que tout angle appréciable, c'est-à-dire infiniment petit, et vienne en OC' dont nous exagérons l'écartement pour rendre sensible la démonstration ; les points matériels A et B auront parcouru chacun un arc infiniment petit AA' et BB', sans cela l'angle COC' serait appréciable contre l'hypothèse. Or, quelle que soit la grandeur de l'angle, les arcs AA', BB', sont entre eux dans le même rapport de grandeur que les rayons OA, OB ; par suite l'élément linéaire BB' pourra être égal à 2 fois l'élément linéaire AA', bien que tous deux soient infiniment petits, c'est-à-dire plus petits que tout arc appréciable.

CHAPITRE PREMIER.

DISTINCTION DES MOUVEMENTS D'UN POINT MATÉRIEL D'APRÈS LA FORME ET LE GENRE DE LEURS TRAJECTOIRES.

37. Toutes les trajectoires qu'un point peut suivre étant formées d'éléments linéaires contigus, leur étude

rentre dans celle des lignes courbes en général, qui est du ressort de la géométrie descriptive ou de l'analyse géométrique.

Nous ne ferons donc qu'indiquer ici les principales distinctions des mouvements d'après leurs trajectoires.

Suivant que la trajectoire est droite ou courbe, le mouvement est dit *rectiligne* ou *curviligne* (fig. 3 et 4).

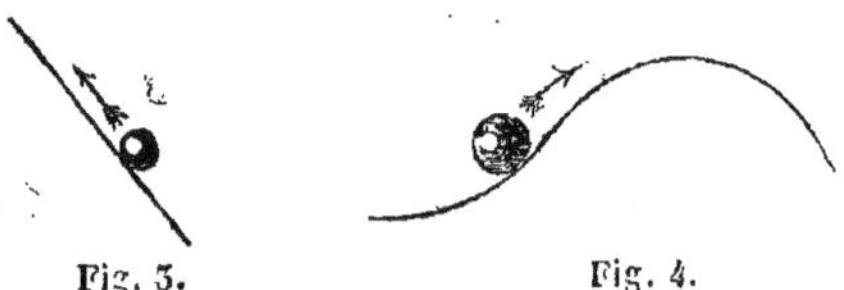

Fig. 3.　　　　　　Fig. 4.

38. Parmi les mouvements curvilignes on distingue ceux dont les trajectoires sont des courbes de générations connues ; telles sont : la circonférence (fig. 5),

Fig. 5.　　　　　　Fig. 6.

l'ellipse (fig. 6), la parabole (fig. 7), l'hyperbole, la cycloïde (fig. 8), etc., etc. Ces mouvements sont alors dits *circulaires, elliptiques, paraboliques*, etc., etc.

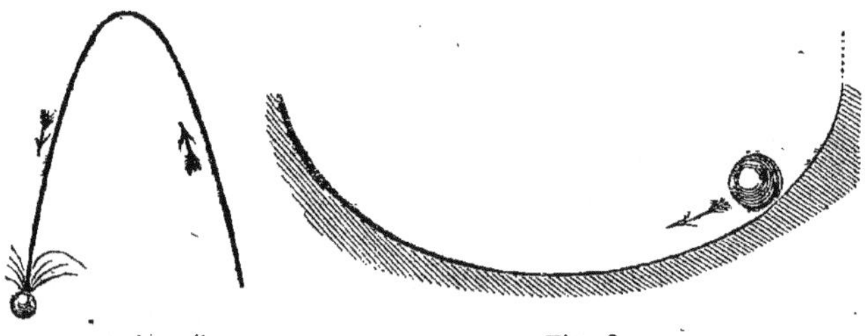

Fig. 7.　　　　　　Fig. 8.

39. *Un mouvement curviligne quelconque peut être considéré comme une suite de mouvements rectilignes d'une durée infiniment petite.* En effet (fig. 9), toute courbe peut être décomposée en éléments linéaires plus ou moins grands, qui tous sont droits.

Fig. 9.   Fig. 10.

40. Par deux éléments successifs d'une trajectoire courbe, c'est-à-dire par trois points infiniment voisins deux à deux, on peut toujours faire passer une circonférence (géométrie). Il suit de là que l'on peut toujours considérer un mouvement curviligne quelconque comme composé d'une suite de mouvements circulaires infiniment petits (fig. 10).

41. Un mouvement rectiligne d'une durée infiniment petite peut être assimilé à un mouvement circulaire d'un rayon infiniment grand par rapport à l'arc décrit. En effet, si l'on décrit une série de cercles tangents au même point sur la ligne AB, en aug-

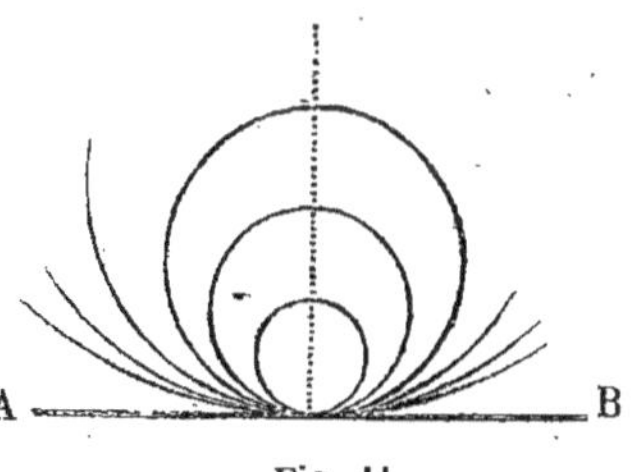

Fig. 11.

mentant constamment le rayon, on voit que le dernier cercle aurait un rayon infiniment grand et se confondrait avec la ligne droite (fig. 11).

42. Dans le mouvement d'un point matériel sur une

trajectoire rectiligne, on appelle *direction* du mouvement la ligne droite elle-même.

43. Dans un mouvement curviligne il y a autant de directions différentes que d'éléments linéaires; c'est une conséquence de ce qui a été dit au n° 39. La direction du mouvement curviligne s'obtient aux différents points de la courbe trajectoire, en y menant des tangentes qui ne sont autre chose que les prolongements des divers éléments linéaires (fig. 12).

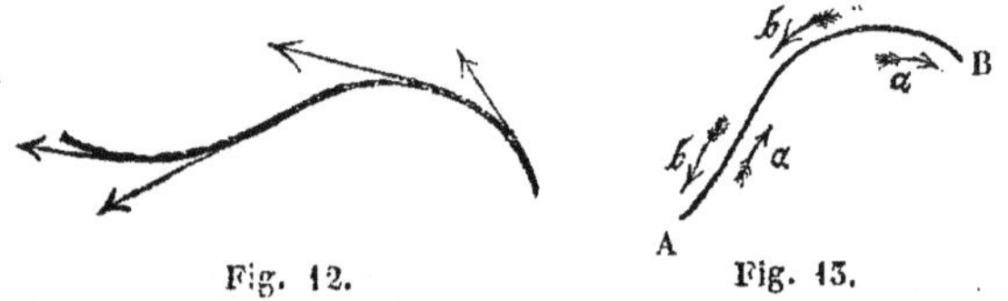

Fig. 12.   Fig. 13.

44. Soit une trajectoire quelconque AB (fig. 13), on peut toujours supposer que le mobile parcourt cette ligne comme l'indiquent les flèches a, a, a, ou suivant les flèches b, b, b, c'est-à-dire que le mouvement d'un mobile sur une trajectoire peut se faire dans deux *sens* différents, mais qu'il n'y en a que deux.

CHAPITRE II.

DISTINCTION DES MOUVEMENTS D'APRÈS LA RELATION EXISTANT ENTRE LES CHEMINS PARCOURUS ET LES TEMPS.

§ Ier. — Principes de cette distinction.

45. La connaissance de la trajectoire suivie par un point en mouvement ne suffit pas pour déterminer entièrement ce mouvement. En effet, on comprend qu'il n'est pas indifférent que cette trajectoire soit parcourue par le mobile dans un temps très court ou dans un temps prolongé, que le parcours se fasse régulièrement ou irrégulièrement, dans le même sens ou dans des sens alternativement opposés, c'est-à-dire, en termes vulgaires, que le mouvement d'un mobile sur une même trajectoire peut être *rapide* ou *lent*, *régulier* ou *irrégulier*, *accéléré* ou *retardé*, *continu* ou *alternatif*, etc., etc.

46. Aussi le mouvement d'un point n'est-il entièrement déterminé que lorsqu'on connaît, à chaque instant, sa position sur une trajectoire de forme donnée, ou la *loi* suivant laquelle il parcourt cette trajectoire.

47. Les différentes positions d'un point sur une trajectoire droite ou courbe peuvent se représenter par leurs distances à un point quelconque pris sur la trajectoire. Ce point choisi s'appelle *origine des distances* (fig. 14, A).

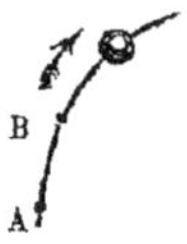

Fig. 14.

48. Si l'on ne compte ces distances qu'à partir du point où le corps a commencé à se mouvoir, ce qui est toujours possible, elles représentent les

espaces parcourus, et ce point s'appelle *origine des espaces* (fig. 14, B).

49. Les *temps* peuvent être représentés par un nombre d'unités de temps, de *secondes*, par exemple, écoulées à partir d'un instant connu et choisi qu'on appelle *origine des temps*.

50. A l'instant où l'on observe le mouvement d'un point matériel sur sa trajectoire, il a (fig. 14), en général, parcouru déjà un certain espace depuis l'origine des espaces, c'est-à-dire qu'il est à une certaine distance de ce point : cette distance s'appelle *espace initial*. Cet espace est évidemment nul, si le corps était en repos au moment même où l'on a commencé à observer son mouvement. On peut aussi faire en sorte qu'il n'y ait pas d'espace initial à considérer dans la discussion du mouvement observé, en supposant que l'origine des espaces est transporté au point où le mobile se trouve à l'instant où l'on commence à observer le mouvement, ce qui est toujours possible, par une simple soustraction, et ce qui facilite la discussion.

51. L'instant où l'on commence à observer le mouvement d'un point matériel peut être éloigné de l'origine choisie des temps d'un nombre d'unités de temps plus ou moins grand : ce nombre s'appelle *temps initial*. On le rend nul en supposant que l'on ne compte les temps qu'à partir de l'instant où l'on commence à observer le mouvement du point matériel, ce qui évidemment est toujours possible.

52. Nous supposerons toujours que les durées sont comptées à partir de l'instant où le mouvement est ob-

servé, et les espaces à partir de l'instant où le corps était au repos.

53. Nous avons donc, pour déterminer les positions successives d'un point en mouvement sur une trajectoire quelconque, deux quantités :

Le *temps*, exprimé en unités de temps, en secondes, par exemple.

L'espace, exprimé en unités de longueur, c'est-à-dire en mètres.

Entre ces deux quantités, il peut y avoir une infinité de relations. Si la relation reste la même à tous les instants, le mouvement est *régulier;* si les espaces croissent lorsque les temps croissent, le mouvement est progressif; il est rétrograde, si les espaces diminuent à mesure que les temps augmentent.

54. Si, dans un mouvement quelconque, nous représentons par t le nombre variable d'unités de temps, et par e celui des espaces, variable aussi, nous avons toujours

$$e = \text{une fonction de } t,$$

c'est-à-dire qu'une équation quelconque entre e et t exprime un mouvement et le détermine. Cette équation est ce qu'on appelle la *loi* du mouvement, lorsqu'elle reste la même pendant tout le mouvement. Si l'équation varie à chaque instant, la loi variant, le mouvement est *irrégulier*, et l'on peut le considérer comme une suite de mouvements réguliers de lois différentes et ne durant chacun qu'un instant.

Voici quelques exemples d'équations de mouvements réguliers sous une forme mnémonique :

$1^\circ (e = 2\,t)$; $2^\circ (e = 20\,t)$; $3^\circ (e = \frac{1}{4}\,t)$; $4^\circ\ e = 4,9 \times t^2$); $5^\circ (e = 5 \times t^3)$; etc., etc. Expressions qui se traduisent ainsi en langage vulgaire :

1° L'espace est (en mètres) égal au double du nombre d'unités de temps exprimé en secondes ;

2° L'espace est égal à vingt fois le temps ;

3° L'espace est égal au quart du temps ;

4° L'espace est égal au nombre constant $4^m,92$ multiplié par le carré du temps, c'est-à-dire que les espaces croissent comme le carré des temps, etc.

55. Dans une équation algébrique entre e et t, il peut se présenter des espaces positifs et des espaces négatifs: cela indiquera le sens de la marche du mobile, c'est-à-dire que si l'on convient de désigner par le signe $+$ les chemins parcourus de gauche à droite, ceux parcourus dans le sens opposé, c'est-à-dire de droite à gauche, seront affectés du signe $-$.

Du reste, un quelconque des deux sens peut être pris pour le sens positif; et, le plus souvent, l'énoncé du problème indique quel doit être ce sens.

56. Les temps pourraient être aussi positifs ou négatifs: le signe $+$ indiquerait les durées comptées en allant vers l'avenir, si l'on peut s'exprimer ainsi, et le signe $-$, les temps comptés en retournant vers le passé, mais cette distinction est en général inutile.

57. Pour représenter un mouvement, on pourra donc, *une fois la trajectoire connue,* faire un tableau tel que le suivant, d'après les mesurages effectués pendant l'observation de ce mouvement.

TEMPS $= t$ COMPTÉS A PARTIR DE L'INSTANT OU L'ON OBSERVE LE MOUVEMNT EN SECONDES.	ESPACES $= e$ COMPTÉS A PARTIR DE L'ORIGINE DES ESPACES EN MÈTRES.
0″	6ᵐ
1	6,80
2	7,90
3	10
4	20
5	25
6	24
7	21
8	16
9	8

58. Le mouvement exprimé sera entièrement déterminé pour les instants $1''$, $2''$, $3''$, etc., mais non pour des instants intermédiaires, c'est-à-dire, par exemple, pour $1''\frac{1}{2}$, $2''\frac{3}{4}$, etc. Il est un moyen qui permet de représenter les différentes phases du mouvement pour des instants contigus, et qui, de plus, rend sensibles aux yeux tous les changements qui peuvent survenir ; ce moyen suffit à toutes les études que l'on peut faire sur les mouvements, et même les simplifie : ce moyen est la représentation graphique qui consiste à remplacer les espaces et les temps par des lignes droites qui soient proportionnelles aux nombres qui représentent ces temps dans le tableau précédent. L'unité de longueur représentative peut n'être pas la même pour les temps que pour les espaces, c'est-à-dire que l'on peut, par exemple, représenter les mètres d'espaces parcourus par des cen-

timètres, et les unités de temps écoulé par des millimètres, ou réciproquement.

§ II. — Loi des espaces.

59. Soient (fig. 15) deux axes coordonnés perpendiculaires. Si nous convenons que les longueurs comptées

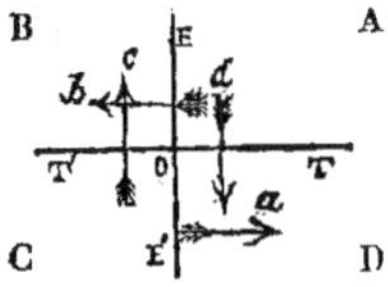

Fig. 15.

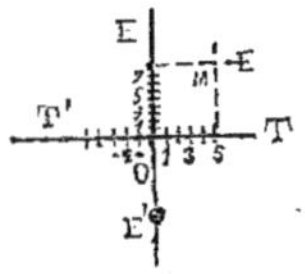

Fig. 16.

sur la ligne T'OT, dans le sens de la flèche a, seront
positives, et que les longueurs comptées dans le sens de
la flèche b, c'est-à-dire dans le sens contraire, seront
négatives et représenteront des nombres d'unités de
temps ; que les longueurs comptées sur la ligne E'OE
dans le sens de la flèche c seront positives, et que celles
comptées dans le sens de la flèche d seront négatives et
représenteront des espaces parcourus sur la trajectoire
supposée connue, nous aurons ainsi un moyen de représenter les lois du mouvement d'un point matériel. En
effet, quelque grandeur et quelque signe qu'aient les
quantités e et t du tableau précédent, on pourra toujours
trouver dans un des quatre espaces angulaires A, B, C, D
(fig. 15) un point dont les ordonnées seront égales ou
proportionnelles aux nombres e et t : il en sera de même
pour les diverses valeurs de e et t à tous les instants
considérés.

Ainsi, par exemple, si à un instant représenté par

+ 5 secondes, l'espace parcouru était 8 mètres, on prendra (fig. 16), à une certaine échelle, 5 parties égales que l'on portera de O en T, puisque le temps 5″ est positif ; au point 5, on élèvera une perpendiculaire indéfinie 5 M ; puis on portera sur la ligne OE l'espace 8 M, à une échelle aussi quelconque, et l'on mènera une perpendiculaire EE : le point de rencontre M aura pour ordonnées les nombres 5″ et 8^m, et par conséquent ce point, par sa position conventionnelle, représente l'état du mouvement à un certain instant.

60. Comme les instants sont contigus (16), on aura, en faisant une opération analogue pour tous les instants, une suite de points contigus, et par conséquent une courbe qui représentera la loi du mouvement ; car, au moyen des abscisses (horizontales) et des ordonnées (verticales) des points de cette courbe, on pourra toujours retrouver sur la trajectoire du mobile les différentes positions qu'il a occupées aux différents instants.

Nous appellerons cette courbe *ligne-loi*, pour la distinguer de la *trajectoire*.

61. Dans cette représentation, les ordonnées étant des espaces parcourus, la *ligne-loi* s'appelle *loi des espaces*. C'est la première manière de représenter un mouvement ; nous verrons plus loin qu'il y en a d'autres.

En général, cette ligne-loi des espaces sera une courbe irrégulière (fig. 17) ; si elle est régulière, le mouvement est lui-même régulier.

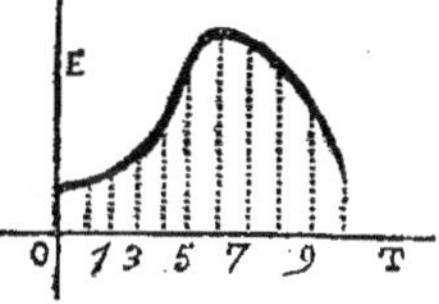

Fig. 17.

Quelques exemples suffiront pour faire com-

— 24 —

prendre toutes les ressources de ce mode de représentation.

62. 1er EXEMPLE. — Un petit corps sphérique est abandonné à lui-même du haut d'une tour, et, par des observations, on détermine les chemins parcourus après 1″, 2″, 3″, 4″, 5″. Les nombres trouvés sont 4^m,80 ; 19^m,2 ; 43^m,2 ; 76^m,8 ; 120^m,1.

Pour représenter la loi de ce mouvement, on prendra (fig. 18) sur l'axe horizontal ou axe des temps, cinq distances égales représentant des secondes, et à chacun des points de division on élèvera une perpendiculaire sur laquelle on portera le chiffre correspondant indiquant l'espace parcouru, à une certaine échelle, $\frac{1}{5}$ de millimètre pour mètre, par exemple : on a ainsi cinq points de la courbe loi du mouvement. L'examen seul de ces points fait comprendre que dans les intervalles, la courbe ne peut qu'être continue sans jarrets brusques, c'est-à-dire qu'en joignant ces points par des lignes droites, on aura une ligne brisée approchant beaucoup de la courbe réelle; par suite, on pourrait estimer très approximativement les espaces parcourus à l'instant 1″ $\frac{1}{2}$ ou 2″ $\frac{1}{4}$ ou tout autre, ce que l'on n'eût pu faire au moyen d'un tableau analogue à celui du n° 57. On peut même, avec une légère habitude du dessin, trouver la véritable courbure par une suite de tâtonnements, en se basant sur ce fait, que tout phénomène naturel est continu sans changements brusques.

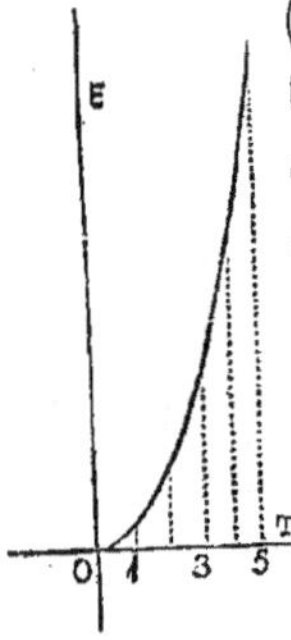

Fig. 18.

63. On peut assimiler à un *mouvement* l'élévation ou

la baisse des prix d'une denrée agricole, et par suite chercher, au moyen de figures, à se rendre compte des prix futurs probables, soit à certaines époques de l'année, soit après un certain nombre d'années, et baser sur cette discussion des opérations commerciales. On peut, avec beaucoup plus de justesse, assimiler à un mouvement les variations de température dans un même lieu, et, par suite, les représenter par des courbes qui serviront à faire voir par un coup d'œil les époques remarquables de chaud et de froid, les lois d'élévation ou d'abaissement de température dans un jour, dans un mois, dans un an, dans une suite d'années ; de plus, la détermination des moyennes au moyen des courbes est beaucoup plus exacte, car elle se fait en tenant compte des temps intermédiaires non fournis par les observations directes qui ne peuvent avoir lieu à des instants très voisins. Un grand nombre de phénomènes naturels pourront être étudiés utilement par des moyens analogues. Nous allons, par quelques exemples, donner une idée du parti avantageux que l'on peut retirer de cette méthode.

64. 2ᵉ Exemple. — Mouvement du prix du blé depuis 1300 à 1846 inclusivement. En prenant les prix moyens du blé en France depuis l'année 1300 jusqu'à 1846, et établissant la courbe (fig. 19 et 20), on remarque d'un seul coup d'œil les grandes variations, les points les plus bas et les points particulièrement les plus élevés dans chaque siècle, et, sauf les changements que pourraient apporter les chiffres que nous n'avons pu nous procurer, et dont l'absence forme quelques lacunes dans

cette courbe, on peut dire que cette ligne prouve que :

1° Le prix moyen du blé augmente continuellement.

2° Les variations sont d'autant moins grandes que ces prix moyens sont plus élevés.

3° Les véritables disettes tendent à disparaître.

En effet, on ne peut guère considérer comme année de

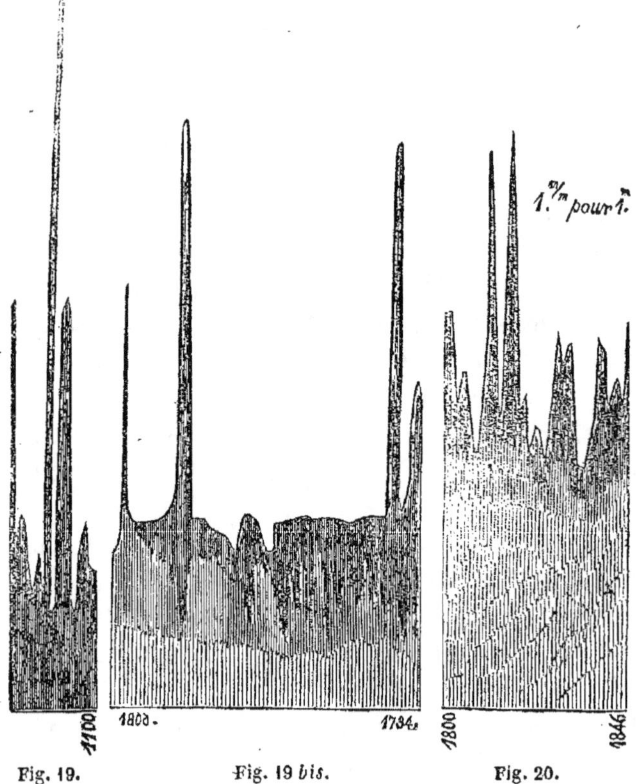

Fig. 19.   Fig. 19 bis.   Fig. 20.

disette que celle où le blé a un prix double du prix moyen du siècle courant. Or, dans le xiv° siècle, on a un grand nombre de points élevés au-dessus de la moyenne, et une année de disette où le prix du blé est de 5 fois le prix moyen, trois autres dont le prix est double du prix moyen.

Dans le XVe siècle, nous observons trois disettes dont l'une présente un prix égal à 9 fois le prix moyen, une autre 8 fois, et enfin une 2 fois.

Dans le XVIe siècle, on observe trois disettes de 8 $\frac{1}{2}$, six, 4 $\frac{1}{2}$, 4 fois le prix moyen.

Dans le XVIIe siècle, il y a huit disettes de 4 ou de 3 fois le prix moyen.

Dans le XVIIIe siècle, neuf disettes de 4, 3, 2 $\frac{3}{4}$ le prix moyen.

Enfin, dans le XIXe siècle (1800 à 1846), le prix moyen (à Paris), est de 20 fr. 04, et dans les années où le prix est le plus élevé, il ne s'élève qu'à un peu plus de 1 fois $\frac{3}{4}$ le prix moyen, ce qui est une disette relative bien moindre que celles des XVIIIe, XVIIe et XVIe siècles.

65. Mouvements annuels du prix du froment dans les années 1840. . . . . . . 1853 (fig. 21, 22, 23 et 24).

On remarque que les grands changements de prix se font à des époques qui sont chaque année les mêmes, telles que : *ensemencement*, épiage, moisson, arrivages, termes de loyer, etc.

66. Parmi tous les mouvements qu'on peut imaginer, il pourra, évidemment, s'en présenter de particuliers dont les lois seraient représentées par des courbes régulières, par exemple : nous ne nous y arrêterons pas actuellement ; mais nous ferons remarquer seulement, qu'au lieu d'être courbe, la loi des espaces pourrait être

représentée par une droite inclinée plus ou moins sur l'axe des temps. Ces mouvements particuliers sont dits *uniformes*, et nous allons voir pourquoi.

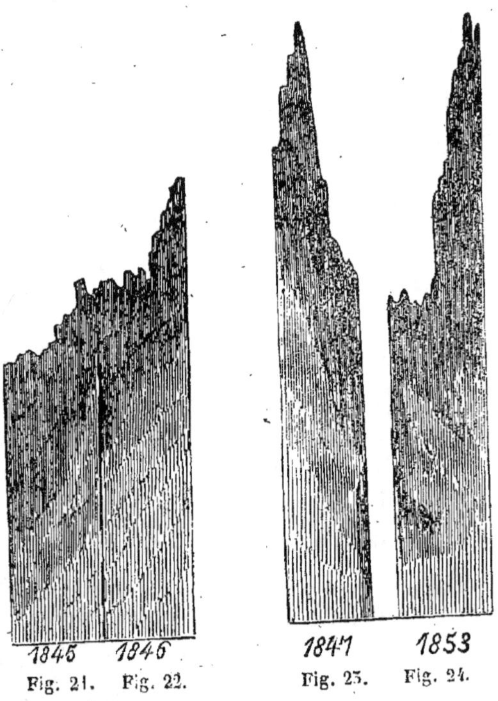

Fig. 21.   Fig. 22.   Fig. 23.   Fig. 24.

67. *Mouvement uniforme.* — La loi des espaces étant

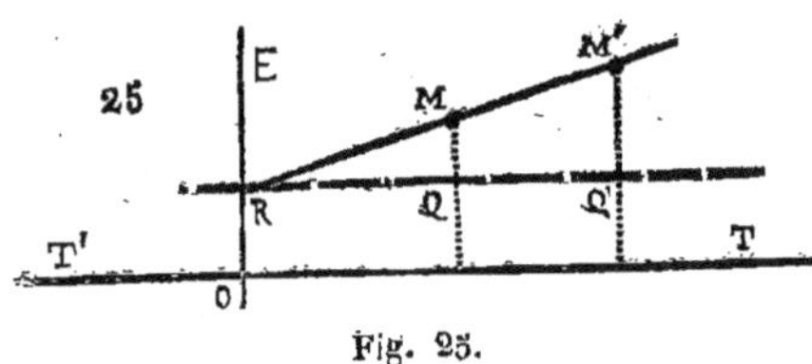

Fig. 25.

une ligne droite RM (fig. 25), si l'on mène la parallèle

RQ, c'est-à-dire si l'on suppose l'axe des temps transporté en RQ, pour ne pas avoir à tenir compte de l'espace initial OR, on voit que MQ est l'espace parcouru dans le temps RQ, et que M'Q' est l'espace parcouru dans le temps RQ' : or il est évident que, quelle que soit l'inclinaison de la ligne RM, on a les proportions :

$$MQ : M'Q' :: RQ : RQ',$$

$$MQ : RQ :: M'Q' : RQ',$$

$$\frac{MQ}{RQ} = \frac{M'Q'}{RQ'},$$

c'est-à-dire, en langage vulgaire, que ce qui caractérise le mouvement uniforme, c'est que :

1° *Les espaces parcourus sont proportionnels aux temps employés à les parcourir.*

2° Ou, ce qui revient au même, entre un espace parcouru et le temps employé à le parcourir il y a un rapport constant pour toute la durée du mouvement.

On représentera d'une manière mnémonique ces deux faits en appelant e, e', e'', des espaces parcourus, et t, t', t'', les temps employés à les parcourir, et l'on écrira :

$$1° - e : e' :: t : t',$$

$$2° - \frac{e}{t} = \frac{e'}{t'} = \frac{e''}{t''} = , \text{ etc.}$$

68. Ce rapport constant $\frac{e}{t}$, $\frac{e'}{t'}$, a été appelé *vitesse*. Sa

grandeur numérique indique si le mouvement uniforme est vif ou lent. On a évidemment :

$$\frac{e}{t} = \text{vitesse} = V.$$

Si l'on suppose que le temps t soit réduit à une seconde, on a alors :

e, espace parcouru dans une seconde, divisé par 1,
= vitesse.

Donc on peut dire aussi que *la vitesse est l'espace parcouru ou qui serait parcouru dans l'unité de temps.*

Ou, enfin, *la vitesse est la quantité constante dont croît l'espace toutes les secondes.*

69. C'est d'après cela que le nom d'*uniforme* a été donné à ce mouvement, parce que les espaces croissent ou décroissent uniformément.

70. Si les échelles adoptées sont les mêmes pour les quatre mouvements des figures 26, 27, 28 et 29, il est

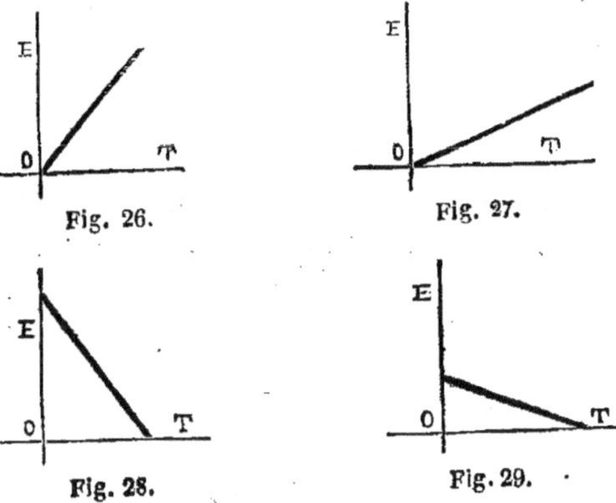

Fig. 26. Fig. 27.

Fig. 28. Fig. 29.

évident que le premier est un mouvement progressif vif,

le second un mouvement progressif lent; que le troisième est un mouvement rétrograde vif, et enfin le quatrième, un mouvement rétrograde lent.

71. Le mouvement le plus vif sera représenté par une perpendiculaire à l'axe des temps, et le mouvement uniforme le plus lent par une horizontale : dans le premier cas, la vitesse serait *infinie*, et dans le second cas elle serait nulle. Ainsi, en résumé : *Une ligne droite, plus ou moins inclinée, représente la loi des espaces de tous les mouvements uniformes qu'il est possible d'imaginer.*

72. Nous allons, pour terminer ce qui a rapport aux mouvements uniformes, faire voir comment on doit tenir compte de l'espace initial dans les quatre cas principaux.

73. De l'équation générale $\dfrac{e}{t} = V$ (72), on tire, en multipliant les deux membres par t, ce qui ne change pas l'égalité, $e = V \times t$, c'est-à-dire que *l'espace parcouru est égal au produit du temps employé à le parcourir par la vitesse.*

74. Si à l'origine des temps, c'est-à-dire à l'instant où l'on commence à observer le mouvement, le mobile a déjà parcouru un espace initial e_0, cet espace doit être ajouté à l'espace parcouru pendant le temps t, pour avoir l'espace total parcouru depuis l'origine des espaces. Alors, en appelant E cet espace total, on a :

$$E = e_0 + Vt.$$

Dans la figure 30, MQ est l'espace parcouru dans le temps RQ, et RO est l'espace initial : or MP est l'espace

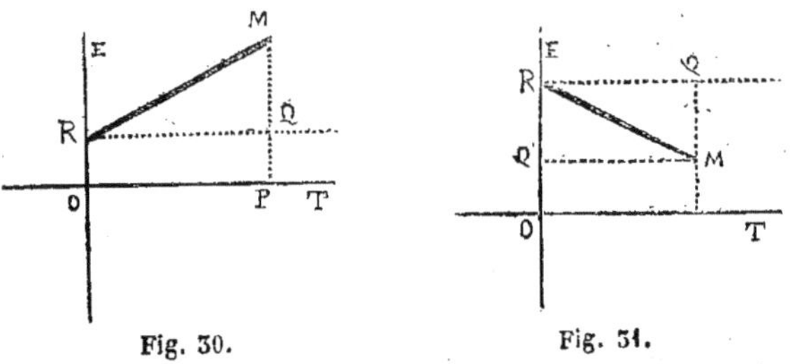

Fig. 30.   Fig. 31.

total parcouru après le temps RQ, il est bien visible qu'on a

$$MP = MQ + RO, \text{ ou } E = e_0 + Vt.$$

Ici la vitesse est positive : les espaces croissent.

75. Dans la figure 31, MQ est l'espace parcouru dans le temps RQ, mais dans un sens négatif, et RO est l'espace initial : or, après le temps MQ, l'espace total parcouru n'est plus que MT, et il est bien visible que l'on a

$$MT = RO - MQ,$$

et comme $MQ = V \times t$, l'équation précédente revient, en adoptant les mêmes notations que ci-dessus :

$$E = e_0 - Vt.$$

Ici les espaces décroissent, la vitesse est négative, c'est-à-dire que le mouvement se fait dans un sens opposé à celui du mouvement précédent.

76. Si la ligne droite qui représente la loi des espaces est parallèle à l'axe des temps (fig. 32), l'espace, à un instant quelconque, est égal à l'espace initial : cet espace

ne diminue et n'augmente pas, le corps est donc en repos. L'espace constant e_0 a été parcouru avant l'instant où l'on a commencé à observer le mouvement.

77. Pendant toute la durée de l'observation, l'espace parcouru, quel que soit le temps, est nul, et l'on a, par suite, $\dfrac{e}{t} = V$, qui devient $\dfrac{o}{t} = V$, d'où $V = o$; c'est-à-dire que la vitesse est nulle.

Le repos peut donc être considéré comme un mouvement uniforme dans lequel la vitesse est nulle.

78. Si la ligne droite qui représente la loi des espaces est une perpendiculaire à l'axe des temps (fig. 33), l'es-

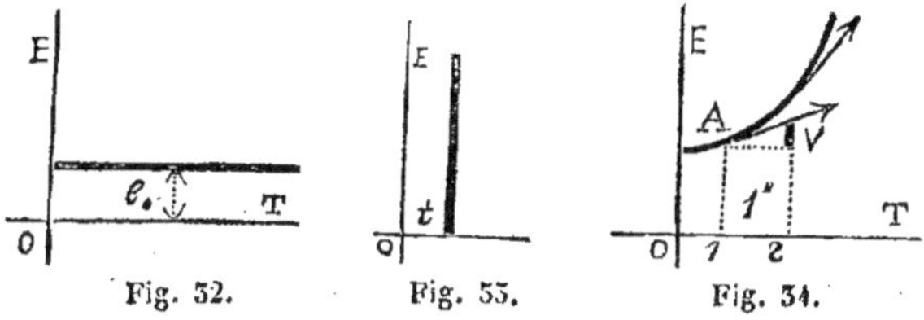

Fig. 52.   Fig. 55.   Fig. 34.

pace parcouru à l'instant t considéré est infini; par conséquent, la trajectoire, quelque grande qu'on puisse l'imaginer, serait parcourue dans un instant: le temps t_0, indiqué par la distance entre l'axe des espaces et la *ligne-loi*, représente le temps qui s'est écoulé depuis l'origine des temps jusqu'à l'instant où le mouvement est devenu immédiatement infini.

79. Dans ce mouvement, la vitesse est égale à un espace quelconque fini divisé par un instant, c'est-à-dire $\dfrac{e}{o}$, car l'instant est aussi près d'être égal à o qu'on peut l'imaginer; la vitesse est donc infinie.

80. Ainsi la ligne droite, suivant son inclinaison, représente la loi des espaces de tous les mouvements à vitesse constante depuis la vitesse o jusqu'à la vitesse infinie.

81. Quand la loi des espaces est une courbe, on peut évidemment la considérer comme composée d'éléments linéaires (35) droits, et par suite un mouvement varié quelconque peut être regardé comme composé d'une série de mouvements uniformes de durées infiniment petites.

82. Alors, si l'on suppose qu'au point A (fig. 34) on prolonge l'élément de la courbe, on aura ainsi une tangente à la courbe qui représentera le mouvement uniforme dont l'élément A fait partie. La vitesse de ce mouvement uniforme est la vitesse du mouvement varié à l'instant correspondant au point A de la courbe.

83. Ainsi donc en chaque point de la courbe on peut, par la construction d'une tangente, déterminer la vitesse, et avoir ainsi les diverses vitesses du mouvement varié, dont on peut faire un tableau comme le suivant, donnant les vitesses du mouvement du n° 57,

Temps.	Vitesses.
$0''$	$+$ 0,65
1	$+$ 0,65
2	$+$ 1,35
3	$+$ 3,00
4	$+$ 15,00
5	$+$ 0,25
6	$-$ 1,50
7	$-$ 7,50
8	$-$ 8,00
9	$-$ 8,00

pour chaque instant, pendant lesquels ces vitesses restent constantes.

Ce tableau pourra avec avantage être remplacé par une courbe analogue à celles que nous venons d'étudier, mais dont les ordonnées représenteraient les vitesses, et les abscisses les durées.

§ III. — Loi des vitesses.

84. En général, la loi des vitesses dans un mouvement varié quelconque est une courbe : telle est la figure 35 représentant la loi des vitesses du mouvement varié du tableau n° 57.

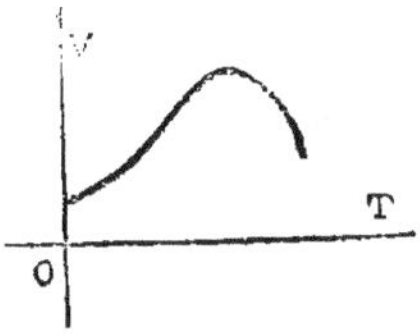

Il est évident que lorsque la courbe s'élève, les vitesses vont

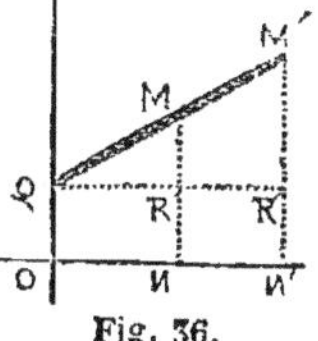

Fig. 35.

en croissant, et qu'au contraire, lorsque la courbe descend, les vitesses diminuent; en outre, ces accroissements ou diminutions de vitesses peuvent être plus ou moins rapides, plus ou moins réguliers.

85. Nous laisserons actuellement de côté les mouvements dont la loi de vitesse est courbe, et nous ferons simplement remarquer qu'il peut exister évidemment des mouvements tels que leurs lois des espaces étant des courbes, leurs lois des vitesses soient des lignes droites plus ou moins inclinées par rapport aux axes coordonnés.

86. Si la loi des vitesses d'un mouvement varié est une droite, ce mouvement est dit uniformément varié. En effet (fig. 36), la vitesse totale au point M, c'est-à-

Fig. 36.

dire après un temps égal à ON, est égale à NM ou OQ (vitesse initiale) augmentée de la vitesse MR *acquise* dans le temps ON $= t$.

Or, on a visiblement $\dfrac{V}{T} = \dfrac{V'}{T'} = \dfrac{V''}{T''}$; c'est-à-dire que *les vitesses acquises sont proportionnelles aux temps employés à les acquérir.*

Ou bien encore : *Entre une vitesse acquise et le temps employé à l'acquérir, quels qu'ils soient, il y a un rapport constant.* Ce rapport constant a été appelé la *variation de la vitesse;* il est égal à l'augmentation ou à la diminution de vitesse dans l'unité de temps. En effet, de l'équation $\dfrac{V}{t} = W$, commune à tous les instants, on tire, en supposant une durée égale à une seconde, $\dfrac{V}{1} = W$, c'est-à-dire que la variation de vitesse W est égale à la vitesse acquise dans l'unité de temps; donc, enfin, la vitesse croît ou décroît à chaque seconde d'une quantité constante W.

87. On a donc $V = W \times t$, équation qu'on tire de l'équation $\dfrac{V}{t} = W$, en multipliant les deux membres par t.

88. Si la vitesse augmente, la variation de vitesse se compte évidemment en montant, c'est-à-dire dans le sens positif, et cette variation est une accélération; mais, quand la vitesse diminue, il est évident que la variation se compte en descendant, c'est-à-dire dans le sens négatif, et la variation de vitesse est négative, autrement dit, c'est une *diminution.*

Donc W sera $+$ W ou $-$ W, suivant le cas. La figure 37 indique un mouvement uniformément accéléré (loi des vitesses), et la figure 38 un mouvement uniformément retardé (*idem*).

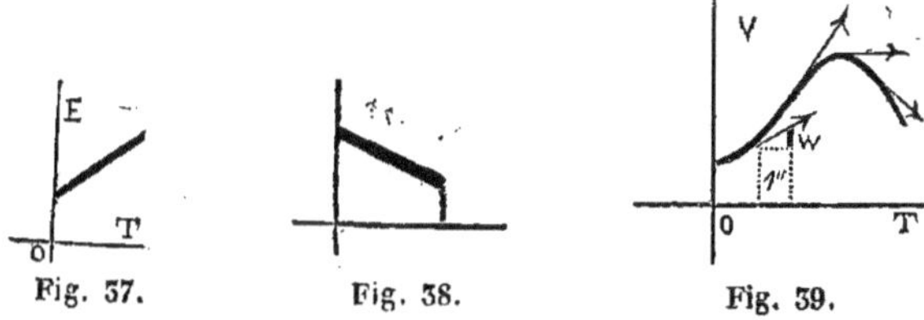

Fig. 37.   Fig. 38.   Fig. 59.

89. Lorsque, dans un mouvement varié quelconque, la loi de vitesse est une courbe (fig. 39), chaque élément linéaire de cette courbe étant droit, représente la loi d'un mouvement uniformément varié d'une durée infiniment petite : si l'on prolonge chacun de ces éléments, on aura les tangentes à la courbe.

90. Chacune d'elles, telle que A (fig. 39), représente la loi d'un mouvement uniformément varié dont l'élément A fait partie : si l'on cherche la variation de vitesse de ce mouvement, on aura la variation de vitesse pour l'instant correspondant à l'élément linéaire A. On peut faire cette opération pour tous les points de la courbe des vitesses, et les diverses valeurs obtenues pourront être mises dans un tableau analogue aux précédents, ou serviront à tracer une courbe qui représentera la loi des variations de vitesse dans le mouvement considéré.

§ IV. — Loi des variations de vitesse.

91. Cette loi sera en général représentée par une

courbe (fig. 40), car tous les instants étant contigus, les variations de vitesse sont successives et contiguës.

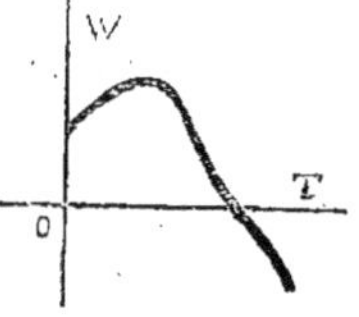

Fig. 40.

92. Parmi tous les mouvements variés qu'on représenterait ainsi, il s'eu trouvera évidemment dont la loi des vitesses étant courbe, la loi des variations serait représentée par une droite plus ou moins inclinée.

Ce mouvement particulier pourrait être appelé mouvement à variations de vitesses uniformément croissantes ou décroissantes.

93. Ce mouvement n'ayant pas d'application, nous n'essaierons pas de le discuter. Il nous suffit d'avoir fait comprendre la marche à suivre pour déterminer graphiquement les lois des mouvements les plus compliqués qu'il soit possible d'imaginer.

§ V. — Mouvements mixtes.

94. Ces mouvements dont la loi est constante peuvent former par leur réunion des mouvements mixtes, parmi lesquels on peut distinguer les mouvements périodiques.

L'étude de tous ces mouvements rentrant toujours dans un de ceux à loi constante que nous venons d'étudier, nous ne nous en occuperons pas spécialement.

§ VI. — Relations entre les différentes lignes-lois d'un mouvement.

95. D'après ce que nous avons vu, il est évident qu'un

mouvement est complétement déterminé lorsqu'on connaît une quelconque de ses lois.

Nous avons vu comment, connaissant la loi des espaces, on pouvait déterminer la loi des vitesses, et enfin au moyen de cette dernière tracer la loi des variations de vitesse.

Nous allons actuellement indiquer la solution du problème inverse, c'est-à-dire :

Trouver la loi des espaces, connaissant la loi des vitesses.

Ou bien : *Trouver la loi des vitesses, connaissant la loi des variations de vitesse.*

96. Si l'on veut représenter la loi des vitesses dans un mouvement uniforme, comme cette vitesse est constante, l'ordonnée serait toujours égale à une même quantité V (fig. 41); par suite, la loi de la vitesse est représentée par une ligne parallèle à l'axe des temps.

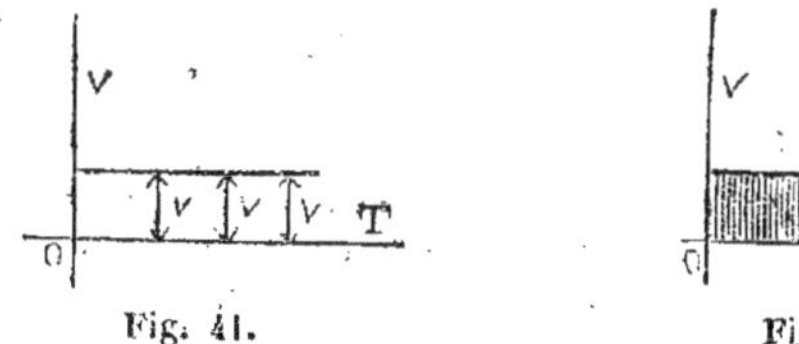

Fig. 41.   Fig. 42.

97. Il est visible alors que l'espace parcouru serait représenté dans cette figure par l'aire du rectangle dont la base est égale au temps et la hauteur égale à la vitesse; car on a l'aire $= V \times t$ et $e = V \times t$ (fig. 42).

98. Dans un mouvement uniformément varié, l'espace sera représenté par l'aire du triangle, si l'on ne considère pas la vitesse initiale.

En effet, si l'on divise le temps total t en un très grand nombre de parties égales, et que l'on suppose que les variations de vitesse se fassent instantanément à la fin de chacun de ces temps, et que cette vitesse reste constante pendant l'instant très petit suivant, on aura, pour représenter l'espace parcouru (fig. 43, 44 et 45),

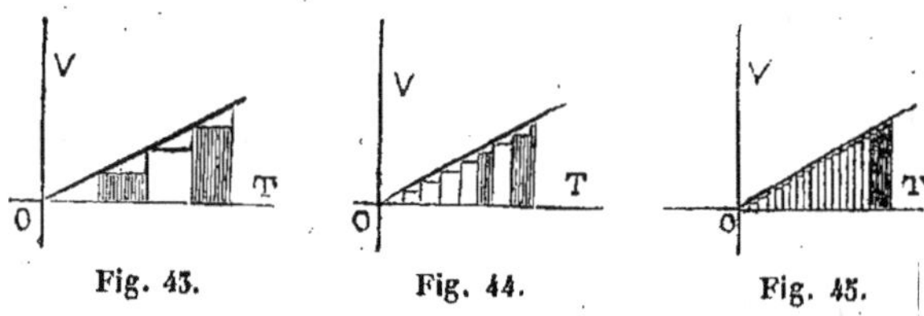

Fig. 43. Fig. 44. Fig. 45.

une suite de petits rectangles dont les bases seraient des temps très petits et les hauteurs les vitesses aux divers instants considérés. Ces rectangles successifs auront une aire totale moindre que l'aire du triangle, mais la différence sera d'autant moindre que les temps successifs considérés seront plus petits, et enfin elle sera nulle, par analogie, lorsque les temps seront infiniment petits, c'est-à-dire lorsque l'on considérera les vitesses à chaque instant. Ce qui revient à dire qu'en considérant les vitesses aux instants contigus, ces vitesses sont aussi semblables à des rectangles de bases infiniment petites et de hauteurs égales à ces vitesses qu'on peut l'imaginer. Donc l'espace total sera égal à l'aire totale, puisque cette aire est couverte par ces vitesses contiguës; donc l'espace e est égal à l'aire du triangle ou à $\dfrac{V \times t}{2}$.

99. L'espace parcouru en vertu de la vitesse initiale, quand il en existe une, est représenté par le rectangle

ROQP (fig. 46), puisque cette vitesse coexiste constamment avec les autres vitesses acquises et pendant le temps total t.

100. Soit v la vitesse finale, v_0 la vitesse initiale.

L'espace total parcouru se compose du rectangle ROPQ augmenté du triangle PQM (fig. 46); le premier parcouru en vertu de la vitesse initiale constante, et le second en vertu des vitesses acquises, depuis le temps O jusqu'au temps ON. En appelant E_v et E_0 ces deux espaces, on a

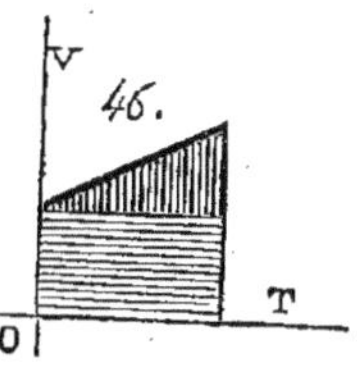

Fig. 46.

$$E_0 = V_0 \times t \ . \ . \ . \ . \ . \ E_v = \frac{V \times t}{2},$$

et l'espace total $E = V_0 t + \dfrac{V \times t}{2}$.

Or nous savons que dans le mouvement uniformément varié $V = W \times t$; donc on a aussi $E = V_0 t + \dfrac{W t^2}{2}$.

101. Il est évident, après ce que nous avons dit précédemment, que dans cette expression de la valeur de l'espace, la lettre W, qui indique la variation de vitesse, est ou positive ou négative : quand W est positif, le mouvement est accéléré, et on a l'équation ci-dessus : $E = V_0 t + \dfrac{W t^2}{2}$; quand W est négatif, le mouvement est retardé, et l'on a : $E = V_0 t - \dfrac{W t^2}{2}$.

102. Si l'on ne compte les vitesses qu'à partir de

l'instant où l'on observe le mouvement, c'est-à-dire si la vitesse initiale est nulle, on a :

$$E = \tfrac{1}{2} W t^2 \text{ après le temps } t,$$
$$\text{et } E' = \tfrac{1}{2} W t'^2 \text{ après le temps } t'.$$

103. Et ces deux égalités nous donnent $\dfrac{E}{E'} = \dfrac{\tfrac{1}{2} W \times t^2}{\tfrac{1}{2} W \times t'^2}$ ou $\dfrac{E}{E'} = \dfrac{t^2}{t'^2}$, c'est-à-dire que *les espaces*, dans le mouvement uniformément varié, *sont entre eux comme les carrés des temps employés à les parcourir*.

104. La courbe, fig. 47, faite en prenant sur l'axe des temps des longueurs égales représentant 1, 2, 3,..., 9 secondes, et pour ordonnées des espaces proportionnels aux carrés de ces nombres, c'est-à-dire à 1, 4, 9, 16,..., 81, cette courbe, dis-je, représente la loi des espaces d'un mouvement uniformément accéléré.

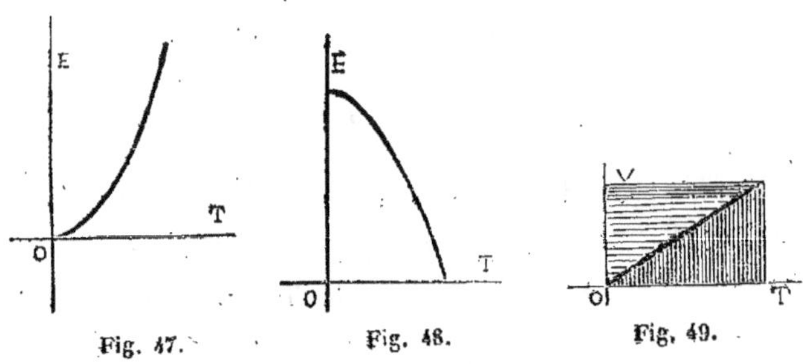

Fig. 47.   Fig. 48.   Fig. 49.

La courbe, figure 48, faite dans le sens inverse, représente un mouvement uniformément retardé.

Ces deux courbes sont des *paraboles*.

105. Si le mouvement eût été uniforme avec une vitesse égale à la vitesse finale d'un mouvement uniformément varié, l'espace parcouru, comme la figure 49

l'indique, serait justement égal au double de l'espace réel parcouru. Autrement dit : *L'espace parcouru dans un temps* t, *d'un mouvement uniformément varié, est égal à l'espace qui serait parcouru d'un mouvement uniforme avec une vitesse égale à la moitié de la vitesse acquise dans le temps* t, ces mouvements ayant la même durée *t*.

106. Par une méthode entièrement semblable, on trouverait les vitesses d'un mouvement dont les variations de vitesse ont pour loi une ligne droite (fig. 50), de sorte qu'on aurait alors $V = \frac{1}{2} Wt^2$. Nous avons déjà

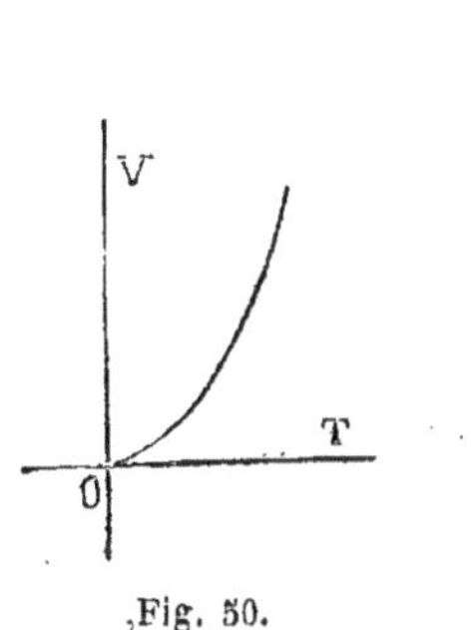

Fig. 50.   Fig. 51.

dit que ce mouvement n'avait pas d'application ; sa loi des espaces (fig. 51) donne $E = \frac{1}{3} Wt^3$, c'est-à-dire que les espaces croissent comme les cubes.

107. Si le mouvement varié considéré a sa loi des vitesses représentée par une courbe (fig. 51), on décomposera cette courbe en éléments linéaires droits, et, par suite, en une série de mouvements uniformément variés dont on trouvera la loi des espaces en faisant, comme ci-dessus, l'aire des trapèzes : les figures 50 et 51 indiquent cette construction.

Nous ferons observer, pour chacun des mouvements uniformément variés qui composent le mouvement varié irrégulier, qu'on peut trouver un mouvement uniforme équivalent, *en tant qu'espace total* parcouru, et, par suite, on peut trouver ainsi un mouvement uniforme équivalent de la même manière à un mouvement varié quelconque.

108. Pour exemples, on peut déterminer les mouvements uniformes équivalents aux mouvements fictifs des n°s 62, 64, 65, 66 et 67.

Fig. 19 et 20. Moyenne des prix du blé dans les xive, xve, xvie, xviie, xviiie et xixe siècles.

Fig. 21, 22, 23 et 24. Moyenne du prix du blé dans les années 1840 à 1853.

CHAPITRE III.

MOUVEMENTS SIMULTANÉS D'UN POINT MATÉRIEL.

§ Ier. — Des trajectoires mobiles ou des mouvements simultanés.

109. Nous avons vu (chap. Ier) qu'un point matériel en mouvement parcourt une ligne continue appelée *trajectoire*. Si cette ligne est elle-même douée d'un mouvement quelconque, nous la nommerons *trajectoire mobile*, pour la distinguer des *trajectoires fixes*, ou regardées comme fixes dans l'espace.

110. Il est bien évident qu'un point matériel ne peut parcourir simultanément deux trajectoires fixes; mais,

par contre, en remplissant certaines conditions de rapports de vitesse, il peut parcourir, dans le même temps, deux ou plusieurs trajectoires mobiles, l'une d'elles pouvant même, à la rigueur, être fixe.

111. L'expérience journalière confirme la possibilité, pour un mobile, d'avoir plusieurs mouvements simultanés : ainsi (fig. 52) la boule d'un pendule, oscillant à la surface de la terre, décrit visiblement un arc de cercle (1re trajectoire); de plus, elle est entraînée avec tous les autres points de la terre dans le mouvement de celle-ci autour de son centre (2e trajectoire); et, enfin, le pendule parcourt avec la terre un cercle ou ellipse autour du soleil (3e trajectoire). La boule du pendule parcourt donc réellement au moins trois trajectoires mobiles, c'est-à-dire qu'elle a trois mouvements simultanés.

Fig. 52.

112. En général, les trajectoires mobiles, comme dans l'exemple précédent, seront courbes, c'est-à-dire que les mouvements simultanés seront curvilignes. Nous n'examinerons d'abord que le cas de trajectoires droites ou de mouvements rectilignes, en faisant observer que l'on peut toujours ramener le cas de mouvements curvilignes à celui des trajectoires droites, par la considération des éléments linéaires.

113. On voit donc qu'il y a parité entre l'étude des trajectoires mobiles et celle des mouvements simultanés.

Les mouvements rectilignes simultanés que peut avoir un point matériel auront :

1° La même direction et seront de même sens ou de sens opposés ;

2° Des directions différentes, mais forcément et toujours concourantes, puisque le point doit se trouver à la fois sur les deux trajectoires des mouvements. Dans ce second cas, les droites trajectoires des mouvements simultanés se couperaient à angle droit, aigu ou obtus, et même le premier cas rentre dans celui-ci en considérant que, lorsque les deux mouvements ont la même direction, c'est comme s'ils avaient des directions faisant entre elles un angle nul ou un angle de 180°.

114. Autrement dit, une ligne droite (trajectoire) peut être mobile de deux manières (fig. 53) : 1° en s'avançant dans sa direction même, c'est-à-dire en se prolongeant dans l'un ou dans l'autre sens;

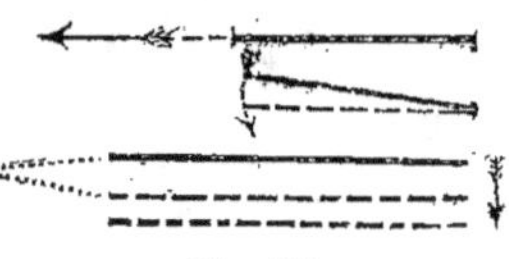

Fig. 53.

2° en tournant autour d'un point : si le point autour duquel elle tourne est situé sur sa direction et à l'infini, la trajectoire droite mobile se déplace parallèlement à elle-même, car alors deux quelconques de ses positions ne se rencontrent qu'à l'infini.

115. Quelques exemples suffiront pour habituer à cette considération de trajectoires mobiles ou de mouvements simultanés.

Dans les exemples suivants nous pourrions considérer le cas général de trajectoires mobiles situées d'une manière quelconque dans l'espace; mais, pour la simplicité, nous supposerons les trajectoires situées dans le même plan et mobiles dans ce plan seulement, et les mouvements simultanés, *uniformes.*

116. 1ᵉʳ EXEMPLE. — Soit (fig. 54) un point M mobile sur la ligne droite AB, qui elle-même se transporte suivant sa direction et dans le sens de la flèche (ce serait,

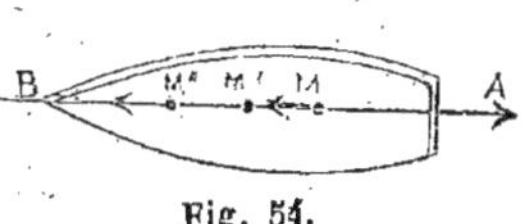

Fig. 54.

par exemple, le cas d'une *bille* que l'on ferait rouler suivant une ligne droite tracée sur le pont d'un bateau, tandis que celui-ci aurait un mouvement dans la direction de cette droite), le point M occupera les diverses positions M', M'', M''', pendant que la droite, emportant avec elle le point M, sera transportée de A vers A''. Or, on voit ici deux mouvements : l'un, possédé par la bille sur la droite BA, faisant partie intégrante du bateau ; l'autre, du point M sur la même ligne considérée comme distincte du bateau : le point a donc deux mouvements simultanés, outre son mouvement réel, qui, suivant les rapports des vitesses des deux premiers, peut être dans un sens ou dans l'autre et avoir une vitesse plus ou moins grande. Il est vrai que le second mouvement considéré est celui de la droite par rapport au point ; mais, et c'est ici le cas de le rappeler, il n'y a en réalité que des mouvements relatifs, et ce mouvement est le même que celui du point par rapport à la droite, car le mouvement n'est constaté que par le changement de lieu. Or, il y a le même changement de lieu de la droite par rapport au point, lorsqu'on considère celui-ci comme fixe, que du point par rapport à la droite quand on considère celle-ci comme fixe. Le point M a donc bien réellement deux mouvements simultanés : celui du bateau avec lequel il est entraîné, et celui spécial qu'il possède sur la trajectoire droite emportée avec le bateau.

117. 2e Exemple. — Point mobile sur deux trajectoires droites, pouvant tourner autour de deux points fixes.

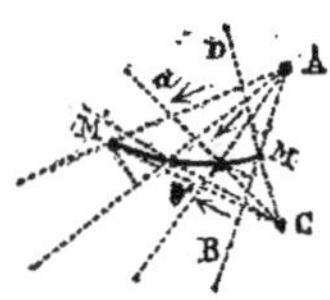

Fig. 55.

Soient deux droites AB, CD (fig. 55), pouvant tourner autour des points A et C seulement. Les deux directions AB, CD, se coupent au point M, et déterminent le plan dans lequel nous supposons que les trajectoires peuvent se mouvoir. Si ce point M doit parcourir en même temps, avec des relations quelconques de vitesse, les deux droites AB, CD, il devra, à chaque instant, se trouver à l'intersection de ces deux lignes. Les diverses positions du point M, c'est-à-dire les diverses intersections des deux lignes AB, CD, se trouveront toutes sur le plan et formeront une ligne continue ou trajectoire, courbe en général, suivant le rapport des espaces parcourus simultanément par le point sur chaque trajectoire mobile : ici il y a encore trois mouvements simultanés :

1° Le mouvement réel sur la trajectoire courbe M, M′, M″.

2° Le mouvement du point sur la droite mobile AB. En effet, pour passer de la position M à la position M′, le point matériel mobile a dû marcher sur BA, suivant la flèche a.

3° Un mouvement analogue au précédent, sur la droite CD dans le sens de la flèche b, a dû avoir lieu.

Si, entre les espaces parcourus sur chaque trajectoire, il y a une loi quelconque, la trajectoire M, M', M'', sera une courbe définie ou régulière.

118. 3ᵉ Exemple. — Ainsi, supposons que l'espace parcouru sur une des trajectoires doive être le double de celui parcouru sur l'autre à chaque instant. Les flèches indiquent (fig. 56) le sens des deux mouvements. Pour trouver une position M' du point M après un temps t, on porte sur MA, à partir de M et dans le sens du mouvement, une longueur Ma' égale au chemin parcouru sur cette trajectoire MA, et sur MB l'espace correspondant moitié moindre Mb'. La position M' du point M sera donc au point M' tel que l'on a les lignes AM', BM', égales aux droites AM, BM, diminuées chacune des espaces parcourus Ma', Mb'.

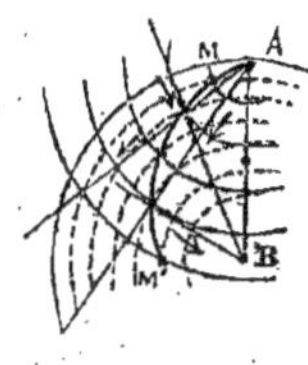

Fig. 56.

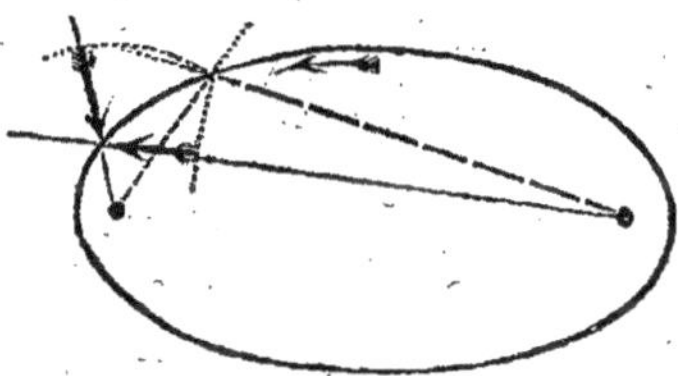

Fig. 57.

119. 4ᵉ Exemple. — Si l'on donnait pour condition que la somme des espaces restant à parcourir fût toujours la même, c'est-à-dire que les espaces parcourus sur les deux trajectoires mobiles fussent égaux, mais de sens opposé, la courbe parcourue par le point M (fig. 57) serait une ellipse que l'on pourrait tracer point par point comme dans l'exemple précédent, ou mieux, d'une manière continue, avec un cordeau de longueur fixée. On

voit bien que le *traçoir* mobile parcourt sur les droites formées par la tension du cordeau des distances égales, mais de sens opposé ; c'est-à-dire que si l'on allonge d'une très petite quantité un des rayons, on diminue simultanément l'autre de la même quantité.

120. 5e EXEMPLE.— Si les points A et B (fig. 58), autour desquels tournent les trajectoires mobiles, sont situés sur leur direction et à l'infini, les diverses positions

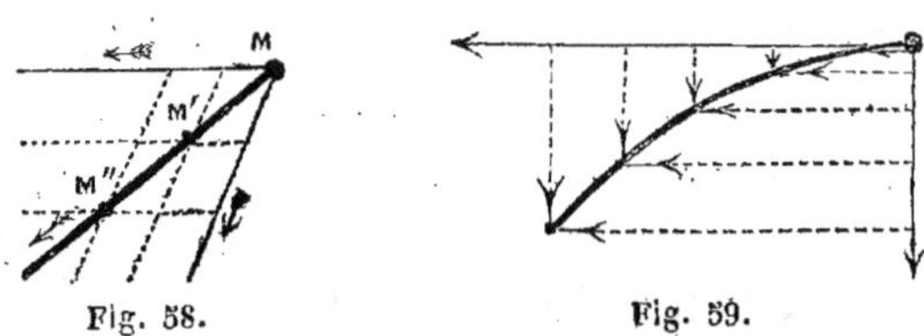

Fig. 58.   Fig. 59.

des trajectoires sont parallèles, et les arcs de cercle de la construction de l'exemple précédent sont remplacés par des perpendiculaires.

§ II. — Équivalence des mouvements.

121. Lorsque, par des causes quelconques, un point matériel est soumis à deux ou à plusieurs mouvements simultanés, on conçoit, d'après ce que nous avons dit dans le paragraphe précédent, la possibilité de remplacer ces mouvements par un seul qui donne au corps le déplacement réel qui résulte des divers mouvements simultanés, suivant plusieurs trajectoires mobiles.

Pour fixer les idées par des exemples matériels, supposons en premier lieu (fig. 59) un boulet lancé horizontalement. Il est bien visible qu'il est attiré pendant toute la durée du jet vers le centre de la terre, en vertu de la gravité ; il y a donc deux mouvements simultanés : 1° l'un, sur une trajectoire horizontale (la cause de ce mouvement est l'expansion des gaz produits par l'inflammation de la poudre) ; 2° l'autre, sur une trajectoire verticale mobile (attraction due à la pesanteur). Or le boulet, comme on peut s'en assurer, ne suit et ne peut suivre ni la ligne horizontale, ni la ligne verticale spécialement, mais il les suit toutes les deux simultanément, car elles sont mobiles, l'une d'elles au moins ; et le mouvement réel, en supposant la terre immobile (c'est-à-dire le mouvement par rapport à la terre), est une courbe comprise entre l'horizontale et la verticale, menées au point de départ du boulet : c'est une parabole. Ce mouvement réel est appelé le mouvement résultant, car il résulte des deux mouvements simultanés. On peut dire aussi qu'il est l'équivalent des deux premiers mouvements, car si, la pesanteur et l'impulsion de la poudre n'existant pas, une force particulière faisait parcourir la parabole au boulet, le résultat serait le même, bien qu'il n'y ait qu'un mouvement ; et, réciproquement, faire parcourir cette parabole, c'est faire parcourir au point deux trajectoires fictives mobiles, l'une horizontale et l'autre verticale, comme il est dit précédemment. Donc le mouvement parabolique résultant est l'équivalent des deux mouvements rectilignes, et réciproquement.

122. Si maintenant nous examinons les divers cas de mouvements uniformes simultanés sur des trajectoires droites mobiles, nous reconnaîtrons dans chacun de ces

cas un mouvement résultant ou équivalent des divers mouvements simultanés.

1ᵉʳ Exemple (fig. 55). — Une bille roule sur le pont d'un bateau, pendant que celui-ci est entraîné suivant la même direction. Ici il y a bien évidemment deux mouvements simultanés, outre le mouvement réel de la bille, par rapport à la terre supposée immobile ; et, suivant les rapports de grandeurs des vitesses de ces deux mouvements, le mouvement réel aura lieu dans un sens ou dans l'autre et sera plus ou moins rapide.

1ʳᵉ *hypothèse*. — Le bateau descend de 4 mètres par seconde, et la bille parcourt aussi, mais en sens contraire (fig. 60), une longueur égale dans le même temps : il est visible que, dans ce cas, la bille ne change pas de

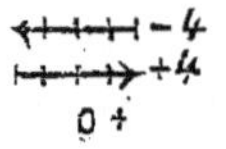

Fig. 60.
Fig. 61. 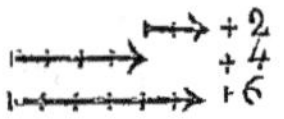

place par rapport au rivage ; le mouvement résultant ou équivalent a une vitesse nulle.

2ᵉ *hypothèse* (fig. 61). — Le bateau descend avec une vitesse de 4 mètres, et la bille parcourt, dans la même direction et dans le même sens, un espace de 2 mètres par seconde. La bille, par rapport au rivage, descend évidemment plus vite que le bateau de toute sa vitesse propre, c'est-à-dire que la vitesse du mouvement uniforme résultant est de $4 + 2$, ou 6 mètres, dans le sens de l'amont à l'aval.

3ᵉ *hypothèse*. — Le bateau descendant avec une vitesse de 4 mètres, la bille roule en sens opposé avec une vitesse de 2 mètres : ici la bille, par rapport au rivage, descend, mais évidemment moins vite que le bateau, et la vitesse du mouvement résultant est de 4 — 2, ou 2 mètres (fig. 62).

4ᵉ *hypothèse.* — Le bateau descend avec une vitesse de 4 mètres par seconde, et la bille remonte sur ce même bateau avec une vitesse de 6 mètres. Par rapport à la

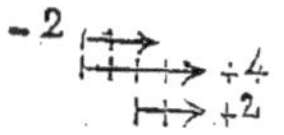

Fig. 62.

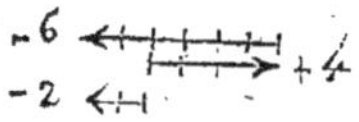

Fig. 63.

terre, le mouvement réel, ou résultant, est évidemment de l'aval à l'amont (fig. 63), c'est-à-dire en sens contraire du mouvement du bateau, et sa vitesse est 6 — 4, ou 2 mètres.

On voit, dans ce premier exemple, que les deux mouvements simultanés d'un point dans cette condition ont un mouvement *résultant*, ou qui leur est équivalent. Réciproquement, si l'on faisait mouvoir au-dessus du bateau, en y restant tangente, une bille de ce mouvement résultant, il aurait pour équivalent deux mouvements : l'un dans le sens du bateau qui descend, et l'autre dans le même sens ou de sens contraire, par rapport au bateau même.

123. 2ᵉ Exemple (fig. 56). — Point mobile sur deux trajectoires qui peuvent tourner autour de deux points A et C. Le mouvement, par rapport au plan considéré, ou mouvement résultant, a lieu sur la trajectoire courbe M, M′, M″, et avec une vitesse particulière dont nous n'avons pas à nous occuper ; nous faisons remarquer

seulement que ce mouvement M, M′, M″, est le mouvement résultant ou équivalent des deux premiers, et réciproquement.

3ᵉ Exemple. — La courbe M, M′, M″ (fig. 57) est, comme dans l'exemple précédent, la trajectoire du mouvement résultant.

4ᵉ Exemple (fig. 58). — L'ellipse parcourue par le traçoir est la trajectoire du mouvement résultant des deux mouvements simultanés ayant lieu suivant les deux rayons vecteurs.

5ᵉ Exemple (fig. 59). — La droite M, M′, M″, est la trajectoire résultante.

124. En résumé, les trajectoires M, M′, M″, que suit le point matériel, sollicité à se mouvoir sur plusieurs trajectoires, s'appellent les *trajectoires résultantes*. Les diverses trajectoires mobiles sont dites *trajectoires composantes*.

Le mouvement qui a lieu sur la trajectoire résultante, la vitesse ou les variations de vitesses de ce mouvement sont appelés *mouvement, vitesse* ou *variations de vitesses résultantes*.

Les mouvements qui ont lieu sur les trajectoires composantes, les vitesses de ces mouvements et leurs variations, sont appelés *mouvements, vitesses* ou *variations de vitesses composantes*.

125. Les mouvements qui ont lieu sur chacune des diverses trajectoires composantes peuvent être variés d'une manière quelconque : dans ce cas général, si l'on fait pour chacun d'eux les lois des espaces, des vitesses ou des variations de vitesse, puis que l'on détermine pour

les divers instants, pendant chacun desquels les mouvements peuvent être considérés comme uniformes, le mouvement résultant, on pourra, par ce moyen, déterminer aussi les lois de ce mouvement résultant varié.

Il nous suffit d'avoir fait comprendre la possibilité de la résolution du cas général de l'équivalence des mouvements simultanés, et nous allons seulement nous occuper du cas le plus simple, c'est à-dire de la recherche des conditions d'équivalence des mouvements rectilignes uniformes, le cas général pouvant toujours y être ramené.

126. Le problème à résoudre présente deux faces : 1° Étant donnés les deux ou plusieurs mouvements simultanés d'un point matériel, *trouver le mouvement résultant* ou équivalent. 2° Réciproquement, étant donné le mouvement d'un point matériel, trouver les mouvements équivalents à ce premier mouvement, et qui auraient lieu simultanément sur deux ou plusieurs trajectoires de directions données. Dans le premier cas, on dit que l'on *compose les mouvements*, si l'on considère les espaces parcourus dans un certain temps; que l'on *compose les vitesses*, si l'on considère les espaces parcourus dans l'unité de temps; enfin, on dirait par analogie, *composer les variations de vitesses*, si l'on considérait des mouvements variés. Le problème inverse est connu sous le nom de *décomposition des mouvements, des vitesses ou des variations de vitesses.*

§ III. — Composition géométrique des mouvements simultanés.

127. Le problème le plus simple de la composition des mouvements est celui-ci : Étant donnés *deux* mouvements uniformes rectilignes, déterminer leur mouvement résultant. On peut distinguer deux cas : 1° les deux mouvements ont la même direction ; 2° les directions des mouvements font entre elles un angle aigu, droit ou obtus.

128. 1er *cas.* — Si le point matériel a deux mouvements simultanés sur la même ligne droite, c'est-à-dire si les deux trajectoires droites se confondent, la résultante aura aussi la même direction, et le *mouvement ou l'espace résultant parcouru sera égal à la somme ou à la différence des deux mouvements composants.* Cette proposition, après ce que nous avons dit, nos 116 à 122, n'a besoin, pour ainsi dire, que d'être énoncée.

Fig. 64.

129. Ainsi soit (fig. 64) un bateau marchant suivant la direction *ab*, et animé d'un mouvement dont la vitesse est représentée par une ligne M*b* : si le point M, qui a déjà ce mouvement M*b*, comme faisant partie du bateau, a un autre mouvement propre M*a* sur le pont de ce bateau, il faut que dans le temps qu'il parcourt M*b* avec le bateau, il parcoure aussi la ligne M*a*. Donc le point M sera en M' à une distance M*b* — *b*M' ; *b*M' étant égal à M*a*.

Si (fig. 65) les deux mouvements simultanés ont le même sens, l'un Mb et l'autre Ma, il est évident que, lorsque le bateau aura parcouru l'espace Mb, le point M entraîné avec lui, et parcourant de son mouvement propre un espace Ma, ce point sera en M' sur le bateau, de sorte que l'espace réel ou résultant sera égal à MM' ou Mb + M'b ; M'b étant égal à Ma. Donc le mouvement résultant est la somme des mouvements composants Ma, Mb.

Comme autre exemple matériel, soit un homme se promenant sur le pont d'un bateau de la proue à la poupe en parcourant dans une seconde le même espace que parcourt le bateau même, mais en sens contraire. Il y a deux mouvements : celui du bateau commun aussi à l'homme sans sa volonté, et celui qu'il prend volontairement, et ils sont, par hypothèse, de même direction et de sens opposé. Or, il est visible que l'homme n'aura pas changé de place par rapport au rivage considéré comme fixe ; le mouvement résultant ou équivalent est donc nul. Si la vitesse de l'homme est inférieure à celle du bateau, le mouvement réel a lieu dans le sens du mouvement du bateau, mais par rapport au rivage l'homme ne se déplace que de la différence des deux espaces parcourus. Si la vitesse de l'homme est plus grande que celle du bateau, le mouvement réel ou équivalent est encore égal à la différence des mouvements composants, mais il est du même sens que le mouvement de l'homme.

Fig. 65.

Enfin, si les deux mouvements sont de même sens, le déplacement réel, ou le mouvement résultant, est la somme des deux mouvements. D'où la règle :

Lorsqu'un point mobile a deux mouvements simultanés de même direction, le mouvement résultant ou équivalent a cette même commune direction, et il est égal à la somme des deux mouvements, s'ils ont le même sens, ou à la différence, s'ils sont de sens contraires, et, dans ce dernier cas, le sens du mouvement résultant est celui du mouvement le plus rapide.

130. 2° *cas.* — Un point matériel est sollicité à deux mouvements simultanés : l'un, sur la trajectoire MA (fig. 66), et l'autre sur la droite MB, dans le sens indiqué par les flèches ; ces deux trajectoires faisant entre elles un angle quelconque : la vitesse du mouvement uniforme MA est égale à Ma ou V ; celle du mouvement MB est égale à Mb ou V'.

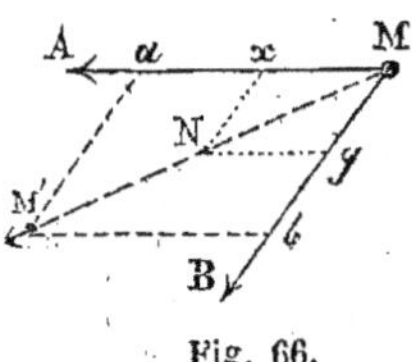

Fig. 66.

Soit M la position initiale du mobile et M' sa position après une seconde : il a dû parcourir pendant ce temps, suivant la direction MA, une longueur Ma, et suivant la direction MB, un espace Mb. Ce point n'a pas dû cesser d'être en même temps sur les deux trajectoires, qui n'ont pas dû cesser non plus d'avoir la même direction, puisque nous ne supposons aucune cause tendant à donner d'autres mouvements que ceux des directions et des vitesses supposées. D'autre part, les trajectoires doivent être mobiles pour que le point puisse être en même temps

sur toutes deux. Donc ces droites se meuvent parallèlement à elles-mêmes, de façon que dans toutes ses positions
le point mobile soit à leur intersection , et que, suivant
chacune des trajectoires , les espaces parcourus dans
une seconde soient Ma et Mb ; que dans un dixième de
seconde les espaces parcourus, le mouvement étant uniforme, soient Mx et My égaux au dixième de Ma et de Mb
respectivement ; enfin , que pour un temps quelconque
les espaces parcourus soient proportionnels à ces temps,
de façon que pour deux positions quelconques N, M$'$,
du point mobile, on ait Ma : Mb : : Mx : My. Et comme
Ny = Mx par construction, que M$'a$ est égal à Mb par la
même raison, on a Ma : M$'a$: : Mx : Nx. Donc les trois
points M, N, M$'$, sont en ligne droite. Un quatrième point
quelconque N$'$ serait aussi sur la même droite. Donc le
mouvement résultant, dans le cas qui nous occupe, *a lieu
suivant la diagonale* MM$'$ du parallélogramme construit
avec les deux vitesses Ma, Mb, comme côtés.

En second lieu, les espaces parcourus sur cette trajectoire seront proportionnels aux temps employés à les
parcourir ; car, évidemment, d'après ce qui précède on a
MM$'$: MN : : Ma : Mx. Donc le *mouvement résultant est
uniforme comme les mouvements composants.*

Tel est le théorème du parallélogramme des mouvements ou des vitesses, qu'on peut énoncer ainsi :

Lorsqu'un point matériel est sollicité à parcourir uniformément deux trajectoires droites faisant entre elles
un angle quelconque avec des vitesses déterminées , le
mouvement réel ou résultant est rectiligne, sa direction
est celle de la diagonale du parallélogramme construit

avec les espaces simultanés qui doivent être parcourus dans le même temps; il est uniforme et sa vitesse est égale en grandeur à la diagonale du parallélogramme construit avec les deux vitesses simul-

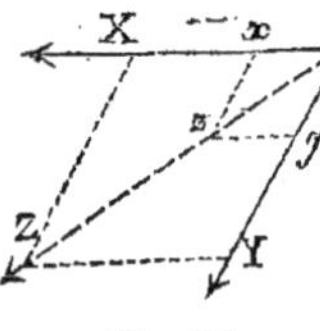

Fig. 67.

tanées comme côtés.

Tout ce que nous venons de dire est résumé par la figure 67. MX espace parcouru sur la première trajectoire dans un temps t; MY espace parcouru sur la deuxième trajectoire dans le même temps t; Mx vitesse du premier mouvement uniforme, My vitesse du second; MZ espace résultant réel parcouru dans le temps t; Mz vitesse résultante réelle.

131. Dans la figure 67 il est facile de remarquer que le triangle MYZ a pour côtés MZ l'espace résultant, MY un espace composant et YZ égal au second espace composant; que le petit triangle Myz a de même pour côtés les vitesses composantes et celle du mouvement résultant. Donc la règle du parallélogramme des mouvements peut être remplacée par une autre qu'on pourra appeler règle du *triangle des mouvements :*

Quand un point M a deux mouvements simultanés, le mouvement résultant est représenté en grandeur et direction par le troisième côté d'un triangle dont les deux premiers sont égaux aux espaces composants, faisant entre eux un angle supplémentaire de l'angle que font entre eux les mouvements donnés, et la vitesse de ce mouvement résultant est donnée par un triangle semblable.

132. Dans le cas de plusieurs vitesses ou mouvements

uniformes à composer en un seul, on peut les prendre deux à deux et chercher leur résultante en diminuant ainsi chaque fois d'un le nombre des mouvements à composer : cette construction est faite le plus simplement possible par la règle appelée *polygone des vitesses.*

Soient (fig. 68) cinq vitesses si-multanées MA, MB, MC, MD, ME, possédées par le point matériel M. Si nous composons ensemble MA et MB, il faut, pour construire le parallélogramme, mener les deux parallèles AB′ et BB′, ou, ce qui revient au même, mener seule-

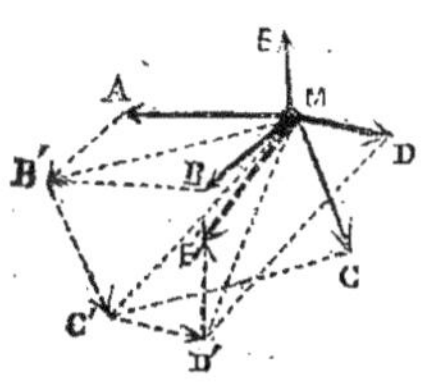

Fig. 68.

ment AB′ égale et parallèle à MB : la ligne MB′ repré-senterait alors la résultante de MA et MB qui peuvent alors être supposées ne plus exister. Si, ensuite, on compose cette résultante MB′ avec la troisième composante MC, il suffira encore, pour la même raison, de mener B′C′ parallèle et égale à MC, et M′C′ serait la ré-sultante des trois premières MA, MB, MC, qu'on peut alors supposer remplacées. En continuant ainsi : C′D′ parallèle égale à MD, puis D′E′ parallèle et égale à MD, on arrive à avoir, pour vitesse *résultante,* ME, *qui est la droite fermant le polygone* MAB′C′D′E′, *formé avec les diverses vitesses composantes transportées parallèlement à elles-mêmes.*

Ce polygone sera gauche si les diverses directions des vitesses MA, MB, etc., ne sont pas dans le même plan.

Ce polygone serait plan, au contraire, si toutes les vitesses étaient dans le même plan.

133. On a quelquefois indiqué comme règle de la composition de trois vitesses non situées dans le même plan, de construire un parallélipipède : cette construction serait en pratique fort difficile à exécuter, et, du reste, elle rentre dans la construction générale du numéro précédent. La figure 69 indique le parallélipipède des vitesses.

Soient les trois mouvements MA, MB, MC, supposons construit le parallélipipède M...R : il est visible que la résultante des deux mouvements MA, MB, est la diagonale MX du parallélogramme MAXB. MX remplaçant les

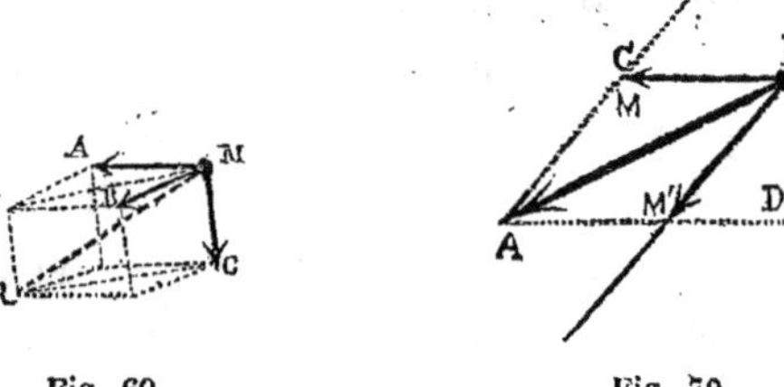

Fig. 69.   Fig. 70.

deux premiers mouvements, et MC le troisième mouvement, étant composés ensemble, le parallélogramme construit serait : MXCR, car XR est parallèle à MC comme arête d'un parallélipipède et C'R est parallèle à MX. Donc MR, diagonale du parallélogramme MCRX et du parallélipipède M...R, est la résultante des trois vitesses ou mouvements donnés.

§ IV. — Décomposition des mouvements rectilignes uniformes.

134. Lorsqu'un point *suit* ou *doit suivre* une trajectoire droite AB (fig. 70), on peut avoir à résoudre ce problème :

Quels sont les mouvements uniformes, ayant lieu dans deux directions données, qui pourraient remplacer ou *déterminer* le mouvement obligé sur la ligne AB. La résolution de ce problème est nécessaire, par exemple, lorsqu'il n'est pas possible d'agir directement suivant AB, et que, cependant, on veut que le mobile parcoure cette ligne, tout en étant sollicité dans des directions BC, BD, se transportant parallèlement à elles-mêmes, à mesure que le point se meut sur AB. On dit alors que l'on décompose le mouvement sur AB en deux autres. Voici comment se fait cette décomposition.

135. Soit AB (fig. 70) la trajectoire que le point suit ou doit suivre réellement, et soient BC, BD, les trajectoires composantes ; soit AB la vitesse du mouvement uniforme ayant lieu ou devant avoir lieu suivant AB. Si l'on suppose le problème résolu, les vitesses des mouvements uniformes composants étant recomposées par la méthode du parallélogramme des vitesses, il est évident que AV serait la diagonale d'un parallélogramme dont les vitesses composantes seraient les côtés ; il suffit donc de construire un parallélogramme, connaissant la diagonale et la direction des côtés, et l'on détermine ainsi les vitesses composantes en menant par V les droites VM, VM' parallèles aux directions données BC, BD.

136. Ainsi, lorsqu'on sollicite simultanément un mobile suivant BC et BD, proportionnellement aux vitesses BM, BM', en réalité le point matériel suit BA avec une vitesse BV : c'est-à-dire que les deux mouvements ou vitesses BM, BM', sont équivalentes au mouvement ou à la vitesse BV.

137. Au lieu d'avoir pour *données* les deux directions des vitesses composantes, on peut avoir seulement la direction de l'une d'elles et la grandeur de l'autre, ou bien encore les deux grandeurs des vitesses sans que leurs directions soient connues.

1er *cas* (fig. 71).—Soit BV la vitesse à décomposer, BC la direction de l'une des composantes, et BM′ la grandeur de la deuxième vitesse composante dont on ne connaît pas la direction. Cette composante BM′ doit partir du point B et se terminer à une droite VN′ menée parallèlement à la direction connue BC. Donc la construction revient à tracer, du point B, avec BM′ comme rayon, une

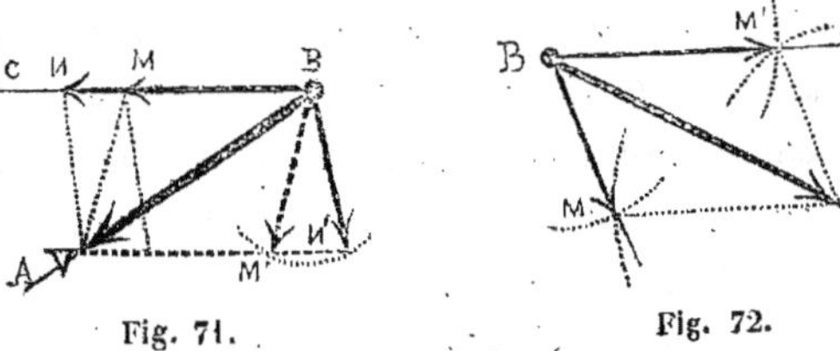

Fig. 71.   Fig. 72.

circonférence qui, si le problème peut être résolu, coupera la parallèle VN′ en deux points M′ et N′; BM′ et BN′ seront alors les directions des deux vitesses de la grandeur donnée qui satisferaient à la condition de décomposition. Nous avons, sur la figure 71, indiqué distinctement les deux parallélogrammes donnant les deux solutions. On voit facilement qu'il faut que la grandeur de la vitesse donnée soit au moins égale à la perpendiculaire abaissée de V sur C.

2e *cas*. — Lorsqu'on connaît la grandeur des deux vitesses composantes et non leurs directions, il faut, des

points B et V (fig. 72) comme centres et avec ces deux
vitesses comme rayons, décrire deux arcs se coupant en
M et M'; alors BC et BD sont les deux directions cherchées : on peut achever le parallélogramme. On voit
qu'il faut que la somme des deux composantes soit plus
grande que la résultante, et que cette dernière soit plus
grande que la différence des deux grandeurs données,
car sans cela les cercles ne pouvant se rencontrer, le
problème n'aurait pas de solution.

138. Le problème de décomposition d'une vitesse en
trois ou plus de trois vitesses de directions données dans
le même plan est indéterminé, c'est-à-dire qu'il a une
infinité de solutions.

139. Si l'on veut décomposer une vitesse en trois
autres, dont les directions ne soient pas dans un même
plan, on y arrive en reconstruisant un parallélipipède
dont la diagonale est la vitesse
à décomposer, et dont les faces
sont des plans parallèles aux trois
plans déterminés par les directions données prises deux à deux.
La figure 73 indique cette construction en perspective : MR est
la vitesse à décomposer; MA,
MB, MC, les directions des com-

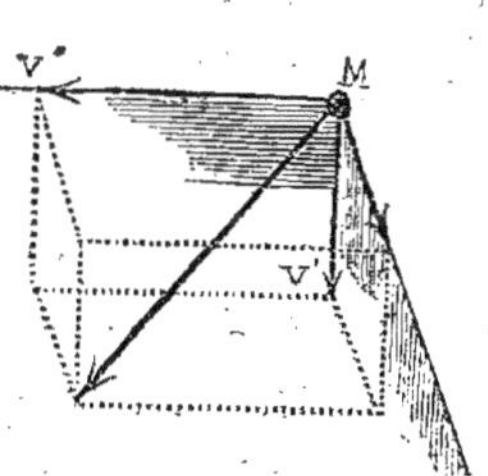

Fig. 73.

posantes ; du point R on mène les trois plans A'RB',
A'C'R, B'RC', parallèles aux plans AMC, BMC, AMB.

Les intersections de ces divers plans donnent les arêtes
MV, MV', MV", dont les grandeurs indiquent celles
des vitesses composantes qui remplaceraient la vitesse

4.

unique MR : en effet, il est visible que si l'on recomposait les trois vitesses MV, MV', MV'', on aurait pour résultante ou équivalente MR.

140. La décomposition d'une vitesse en plus de trois situées d'une manière quelconque dans l'espace donne une infinité de solutions.

§ V. — Relations de grandeur entre les vitesses composantes et leur résultante.

141. Dans tout parallélogramme de composition ou de décomposition des mouvements, il est facile de voir que la résultante et les deux composantes forment un triangle que l'on peut appeler triangle des vitesses, comme l'indique la figure 74, lorsque l'on considère les mouvements pendant une seconde. Il suit de là que les relations existant entre les côtés d'un triangle existent aussi entre une résultante R (fig. 74) et ses composantes V et V'. En premier lieu, on peut dire que la résultante est toujours plus petite que la somme des composantes et plus grande que leur différence. En second lieu, en appelant R la résultante, V et V' les composantes, on a :

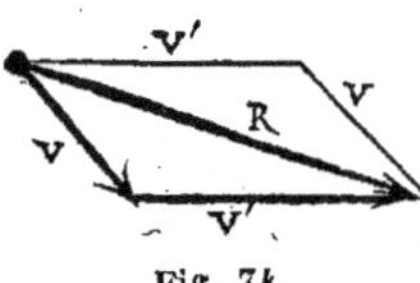

Fig. 74.

$$R^2 = V^2 + V'^2 \pm 2 \times V \times V' \times \text{la projection de } V \text{ sur } V'.$$

C'est-à-dire que le carré de la résultante est égal à la somme des carrés des composantes augmentée ou diminuée du double produit des deux composantes, multiplié en outre par la projection d'une des composantes sur la direction de l'autre. Dans le cas où les deux composantes sont perpendiculaires l'une sur l'autre, la projection dont il est parlé ci-dessus étant nulle, il en résulte que l'on a $R^2 = V^2 + V'^2$, ou le carré de la résultante égal à la somme des carrés des composantes.

142. Pour trois vitesses perpendiculaires l'une sur l'autre, on aurait $R^2 = V^2 + V'^2 + V''^2$. Et si les trois vitesses ne sont pas perpendiculaires, on peut trouver une formule analogue à celle du numéro précédent.

143. En faisant les constructions géométriques indiquées dans les deux derniers paragraphes, exactement et d'après une échelle convenue, on déterminera les grandeurs relatives numériques des composantes et de leur résultante, sans qu'il soit besoin des formules précédentes.

144. Si un point M (fig. 75), par l'effet de causes quelconques d'assujettissement, parcourt une droite MX, sollicité à un mouvement suivant une direction MV, oblique au chemin parcouru et mobile parallèlement à elle-même, on dit que la projection de MV sur MX est la valeur de la vitesse oblique MV dans la direction du chemin parcouru. Cela veut dire que *solliciter* à marcher de M en V obliquement revient à solliciter directement de M en P, quantité toujours moindre que MV. Cela revient enfin à supposer que l'on décompose MV en deux vitesses dont l'une a la direction du chemin parcouru MX, et l'autre une direction perpendiculaire à ce chemin. La composante perpendiculaire étant supposée annihilée par une cause assujettissante quelconque, on voit que la vitesse du point sur le chemin MX est bien

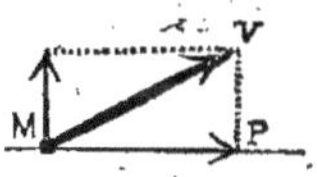

égale à la projection de la vitesse oblique qui la sollicite.

145. Si plusieurs vitesses obliques agissent ainsi sur
un mobile, leurs projections pourront avoir des sens différents, c'est-à-dire que le point pourra être sollicité
dans deux sens : on convient de prendre un sens comme
positif, et l'autre comme négatif, car il est évident que
ces effets doivent se retrancher. Les figures 76 et 77

Fig. 76.   Fig. 77.

indiquent des cas de projections de même signe ou de
signes contraires.

146. Si nous appliquons cette remarque à l'ensemble
des composantes et de leur résultante, nous voyons que :

1° Dans le parallélogramme (fig. 78), si l'on projette
les deux composantes sur la résultante, la somme des

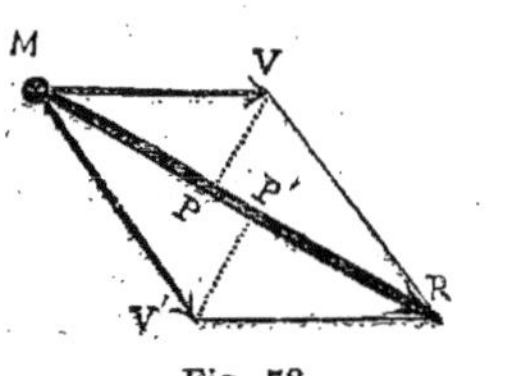

Fig. 78.

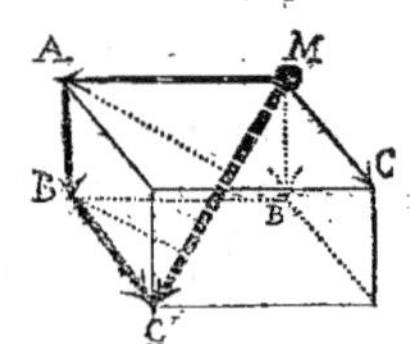

Fig. 79.

projections est égale à la résultante. En effet, MV étant
parallèle à RV', on a MP = RP'; de plus, MV' étant
égale à VR, on a MP' = RP ; donc

$$MP + MP' = MR, \text{ car } MP' = PR.$$

2° Dans le parallélipipède (fig. 79), d'après une remarque faite précédemment, on voit que le quadrilatère gauche MAB'C' a pour côtés les trois composantes MA, AB', B'C' et la résultante MC' : or, il est facile de voir que, si l'on projette chacun des côtés MA, AB', B'C' sur le quatrième MC', la somme des projections sera égale à la résultante MC'. Enfin, il en serait évidemment

de même pour tout polygone des vitesses, comme l'indique encore la figure 80, en ayant égard, bien entendu, au sens des projections qui peuvent être positives ou négatives, comme nous l'avons déjà dit. Les flèches de la figure indiquent les sens des

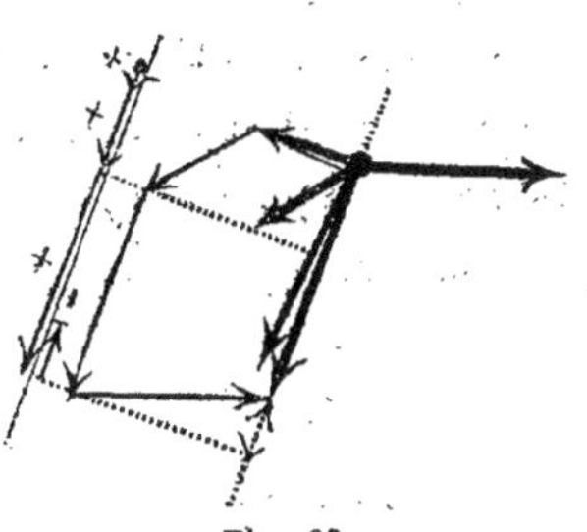

Fig. 80.

projections et font ressortir la conséquence suivante :

La résultante d'un nombre quelconque de vitesses situées comme on voudra est, en grandeur, égale à la somme réduite ou algébrique des projections, sur sa direction même, de toutes les composantes, ou enfin comme corollaire :

La projection de la résultante sur une droite quelconque est égale à la somme algébrique des projections de toutes les composantes sur la même droite.

Nous aurons l'occasion de nous servir utilement de ces observations.

§ VI. — Composition et décomposition des mouvements curvilignes, variés, etc.

147. Lorsque les mouvements simultanés possédés

par un point sont curvilignes, on les compose en un seul
en les considérant chacun comme formés d'une suite de
mouvements rectilignes de directions différentes. La détermination de la trajectoire résultante se fait par une
suite de parallélogrammes, dont les côtés sont des portions infiniment petites des courbes trajectoires composantes. Les figures 81, 82 et 83 donnent l'exemple de
la composition d'un mouvement rectiligne et d'un mouvement circulaire, tous deux uniformes. La résultante
est une *cycloïde* ordinaire (fig. 81), lorsque la vitesse sur
la circonférence est précisément égale à celle du mou-

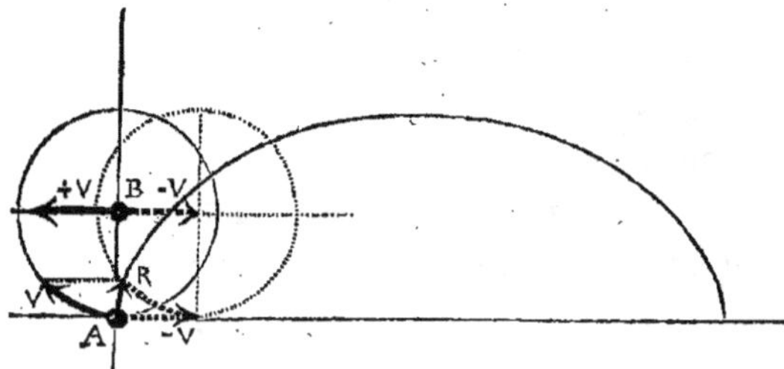

Fig. 81.

vement qui a lieu simultanément sur la droite ; une
cycloïde allongée (fig. 82), lorsque la vitesse du mou-

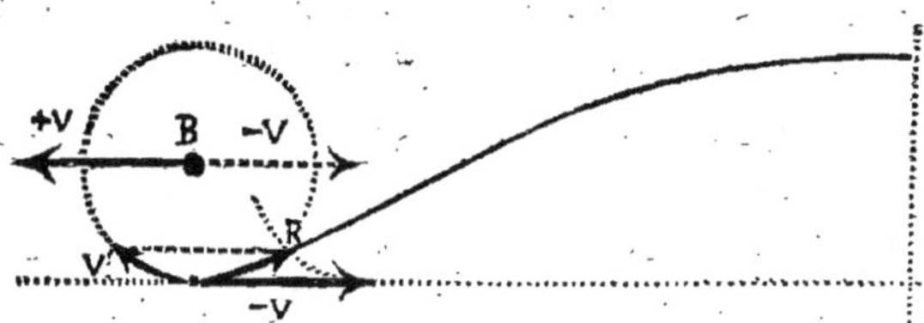

Fig. 82.

vement rectiligne est plus grande que celle du mouvement circulaire ; enfin une *cycloïde raccourcie*, au contraire (fig. 83), lorsque la vitesse du mouvement rectiligne est plus petite que celle du mouvement circulaire.

148. On arriverait de la même manière à composer deux mouvements curvilignes. Pour exemple nous donnons (fig. 84) la composition de deux mouvements circulaires de rayons différents : la résultante est une

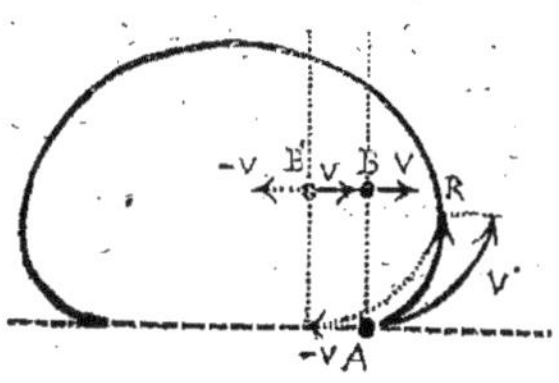

Fig. 83.

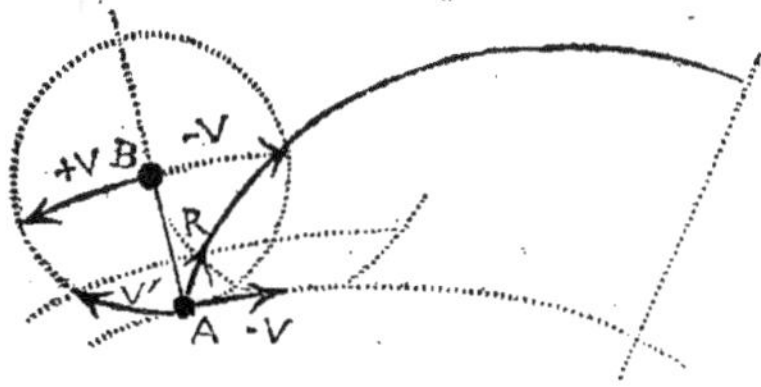

Fig. 84.

courbe appelée *épicycloïde plane*. Les constructions sont indiquées sur la figure. Si, au lieu des mouvements circulaires, on a des mouvements curvilignes quelconques à composer, on considérera ces trajectoires courbes soit comme formées par une suite de droites, ou, suivant le besoin, par de petits arcs de cercles. La décomposition d'un mouvement curviligne a lieu suivant les mêmes principes.

149. Enfin, si les mouvements rectilignes ou curvilignes, contrairement à ce que nous avons supposé jusqu'ici, ne sont pas uniformes, on ramène ce cas plus compliqué au précédent, en considérant les mouvements

variés sur chaque trajectoire comme composés d'une suite de mouvements uniformes d'une durée très petite, et la manière de procéder est analogue à celle des numéros précédents; seulement les constructions de parallélogrammes ont lieu plus souvent. Comme exemple, nous donnons (fig. 86) la composition d'un mouvement rectiligne uniformément accéléré avec un mouvement rectiligne aussi, mais uniforme. La trajectoire résultante serait, par exemple, la ligne parcourue par une molécule d'eau lancée horizontalement d'un vase; car, outre ce mouvement uniforme horizontal provoqué par la charge sur l'orifice, la molécule, étant assujettie à la pesanteur, a aussi, sur une trajectoire verticale mobile, un mouvement uniformément accéléré. La figure indique suffisamment la construction : OV_1, vitesse due à la charge; V_1V_2, *idem*; OP_1, espace parcouru verticalement

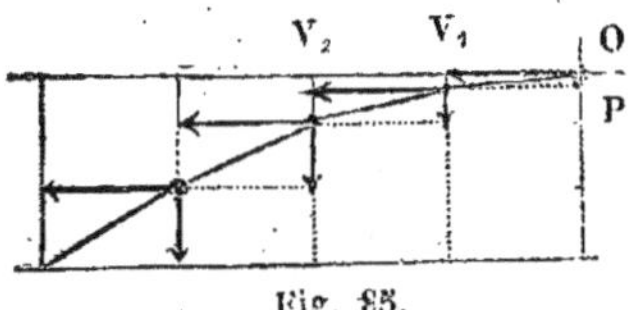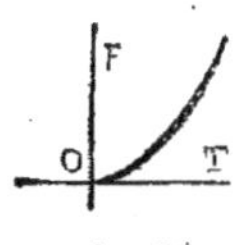

Fig. 85.

Fig. 86.

en vertu de la pesanteur dans la première seconde; O_1P_2, espace parcouru dans la deuxième seconde verticalement : or, on sait que OP_1, OP_2, OP_3, etc., croissent comme le carré des temps. On obtient par chaque parallélogramme un point de la courbe O, O_1, O_2 : il est évident alors qu'on peut déterminer cette résultante aussi exactement qu'on le désire, en multipliant les parallélogrammes.

150. Pour déterminer la *loi* du mouvement sur la trajectoire résultante, il faudrait (fig. 86) sur un axe des temps, OT, porter des distances égales représentant des secondes et, en perpendiculaires à chacun de ces points, les espaces successifs parcourus, à chacun de ces laps de temps, sur la résultante. On voit ici que les espaces parcourus sur la parabole de la figure 85 croissent comme le carré des temps; c'est donc un mouvement uniformément accéléré, mais d'une accélération moindre que celle due à la pesanteur.

151. On voit, en résumé, que la composition ou la décomposition des mouvements quelconques, est ramenée à celle des mouvements uniformes et rectilignes. Dans tous les cas de la pratique, la difficulté consiste à se rendre compte des mouvements divers que le mobile possède.

Cette recherche est, du reste, liée intimement à celle des causes du mouvement que nous étudierons prochainement.

SECTION II.

DU MOUVEMENT D'UN SYSTÈME DE POINTS MATÉRIELS.

PRÉLIMINAIRES.

152. Tout ce qui précède n'a rapport qu'aux mouvements d'un point considéré isolément ; mais les corps matériels étant, ou pouvant être considérés comme composés d'un nombre plus ou moins grand de points matériels, il est nécessaire d'étudier les particularités que peuvent présenter les mouvements d'un assemblage de points.

Nous commencerons, pour le plus de simplicité possible, par considérer un système de deux points seulement ; du reste, on comprend qu'il sera facile, après cette étude, de passer à celle des mouvements d'un système quelconque.

CHAPITRE PREMIER.

DES MOUVEMENTS D'UN SYSTÈME DE DEUX POINTS
MATÉRIELS.

§ Ier. — Généralités sur ces mouvements.

153. Dans un système mobile composé de deux points, il ne peut se présenter que deux cas : les mouvements

simultanés des deux points seront ou *identiques* ou *différents*.

154. Pour que les deux mouvements soient identiques, il faut qu'à chaque instant les vitesses soient égales, de directions parallèles et de même sens : il est évident qu'alors la ligne AB (fig. 87) joignant les deux points A

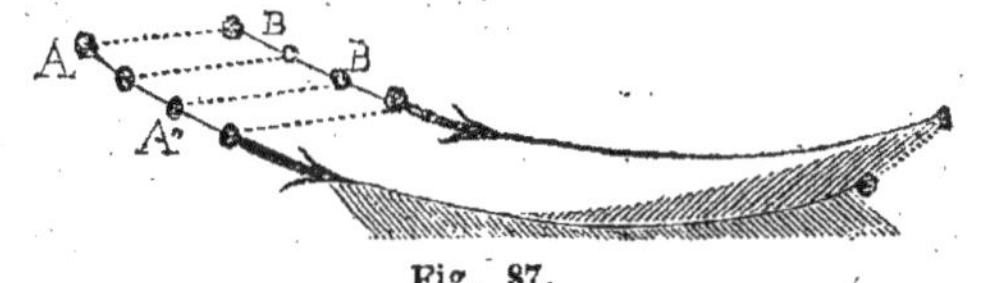

Fig. 87.

et B, est à chaque instant invariable en grandeur et constamment parallèle à sa position initiale, c'est-à-dire que les points mobiles n'ont aucun mouvement l'un par rapport à l'autre : leur mouvement commun a été désigné sous le nom de *translation parallèle*. Les trajectoires de chaque point, qu'elles soient droites ou courbes, sont égales et parallèles : comme exemple, on peut citer les différents points d'un corps solide tombant, sans tourner, par l'effet de la pesanteur ; les points extérieurs de la jante d'une roue tournant autour de son centre. Les vitesses, tout en restant identiques, peuvent varier d'une manière quelconque, c'est-à-dire que le mouvement de translation d'un système de deux points peut être uniforme ou varié.

155. Toutes les fois que les mouvements des deux points du système matériel n'ont pas exactement les mêmes vitesses, directions ou sens, les mouvements des deux points sont différents, et il est visible qu'ils peuvent différer d'un grand nombre de manières ; ainsi ils

différeront seulement de grandeur (loi des vitesses, etc.), ou seulement de direction ou même de sens ; ils pourront différer aussi dans deux, trois ou quatre de ces modes simultanément ; on voit donc qu'il y a une grande variété de combinaisons pour chaque genre de mouvements, et comme les lois des mouvements sont variées à l'infini, il y a par suite une infinité de manières de différer.

156. Si nous considérons, pour plus de simplicité, que les deux points ont des mouvements uniformes rectilignes (cas auquel tous les autres peuvent, du reste, se ramener, comme nous l'avons fait voir précédemment), nous pouvons classer ainsi les mouvements différents de deux points :

1° Les vitesses sont de même direction et de même sens, mais leurs grandeurs sont inégales (fig. 88).

2° Les vitesses sont égales et de même direction, mais n'ont pas le même sens (fig. 89).

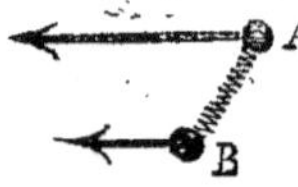

Fig. 88.

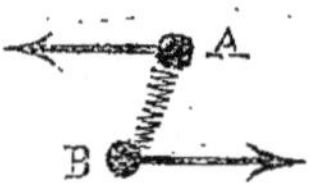

Fig. 89.

3° Les vitesses ont la même direction, mais n'ont ni le même sens ni la même grandeur (fig. 90).

4° Les vitesses ont le même sens et la même grandeur, mais diffèrent dans leurs directions (fig. 91).

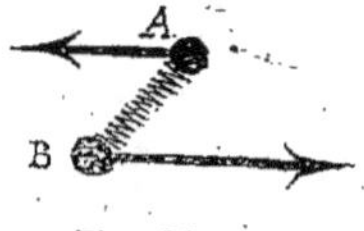

Fig. 90.

Fig. 91.

5° Les vitesses ont la même grandeur, mais diffèrent de sens et de direction (fig. 92).

6° Les vitesses ont le même sens, mais diffèrent de grandeur et de direction (fig. 93).

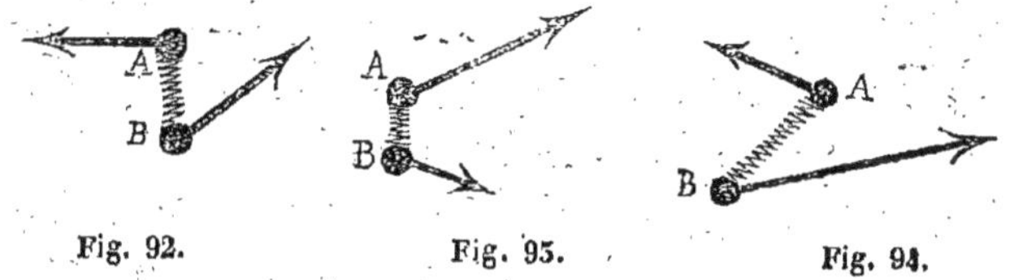

Fig. 92.　　　　Fig. 93.　　　　Fig. 94.

7° Enfin, les vitesses diffèrent dans les trois modes simultanément (fig. 94).

157. Il est facile de voir que, dans chacun des cas que nous venons d'indiquer, les deux points ne resteront pas à la même distance l'un de l'autre, c'est-à-dire qu'ils s'éloigneront ou se rapprocheront, dans un des trois sens de l'espace et d'après une loi quelconque, si les mouvements possédés par les deux points sont curvilignes ou variés. Si l'on peut apprécier et mesurer les changements de lieu du point B, *par rapport* à l'autre, A, on déterminera ce que l'on appelle le *mouvement relatif* de B, par rapport au point A.

§ II. — Des mouvements de translation d'un système de deux points.

158. Lorsque les deux points d'un système matériel ont des mouvements identiques qui peuvent être rectilignes ou curvilignes, uniformes ou variés, les trajectoires des deux points sont absolument les mêmes, ainsi que les lois du mouvement ayant lieu sur chacune d'elles :

leur étude rentre donc absolument dans celle faite précédemment des mouvements d'un point isolé ; seulement, les trajectoires peuvent être plus ou moins éloignées ou même coïncider. Nous allons examiner ces différents cas en rappelant que, dans tous, les mouvements devant être identiques, les vitesses sont à chaque instant égales, parallèles et de même sens, quelles que soient les trajectoires ou les lois de ce mouvement.

159. Lorsque les deux trajectoires *coïncident* (fig. 95), on retombe si évidemment dans le cas de la section Ire, qu'il est inutile de s'y arrêter : le mouvement est rectiligne ou curviligne, uniforme ou varié.

Fig. 95.

160. Si les deux trajectoires sont *parallèles et de direction constante*, le mouvement commun ou de translation est *rectiligne*.

161. Enfin si, tout en restant à chaque instant parallèles, égales et de même sens, les vitesses changent à chaque instant de direction, les trajectoires sont encore parallèles, mais courbes, et le mouvement est dit de *translation curviligne*.

§ III. — De la détermination du mouvement relatif de deux points.

162. Le mouvement relatif du point B (fig. 89-95), par rapport au point A, est celui que le premier point semblerait avoir pour un observateur emporté à son insu avec le point A qui, pour lui, est immobile, et par rapport auquel il juge des changements de lieu du point B.

163. Les mouvements communs aux deux points ne

pourraient être évidemment appréciés par l'observateur : ainsi, emportés avec la terre, nous n'apprécions pas son mouvement, ni celui que possèdent avec elle tous les corps qui sont à sa surface. Cette remarque nous permet de poser l'axiome suivant :

164. Axiome. — Le mouvement relatif des deux points n'est pas changé lorsqu'on suppose ce système matériel animé d'un mouvement commun quelconque.

165. Le principe de la détermination du mouvement relatif est basé sur sa définition même. En effet, il suffit de se mettre dans la position de l'observateur, entraîné avec un des points mobiles, pour juger soi-même du mouvement de l'autre point A, par rapport au premier B.

Or, pour l'observateur, le point B est en repos : il faut donc, pour se trouver dans la position de cet observateur, rendre artificiellement le point B immobile. On y arrive en supposant qu'on donne au système des deux points un mouvement commun d'une vitesse égale à celle que le point B possède, mais de sens contraire (fig. 96), et l'on sait qu'on ne change pas alors le mouvement relatif de A, par rapport à B. Chacun des points, comme le montre la figure 96, est alors animé de deux mouvements

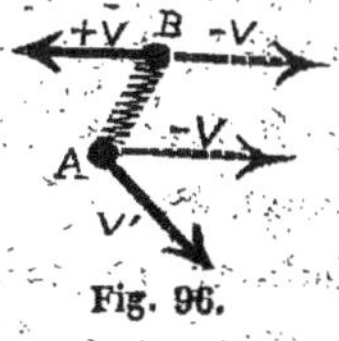

simultanés : les mouvements du point B ont une résultante *nulle*, mais celle des deux mouvements du point A exprime exactement le *mouvement relatif*, ou celui que ce point semblerait avoir pour l'observateur entraîné avec le point B.

On peut donc poser la règle suivante pour la détermination du mouvement relatif de deux points A et B :

Pour avoir le mouvement relatif de A, par rapport à B, V et V′ étant les vitesses respectives de ces points, on détermine la résultante de la vitesse V′ et d'une vitesse —V parallèle et égale à la vitesse du point de comparaison, mais de sens contraire ; cette résultante R, est la vitesse relative (fig. 97).

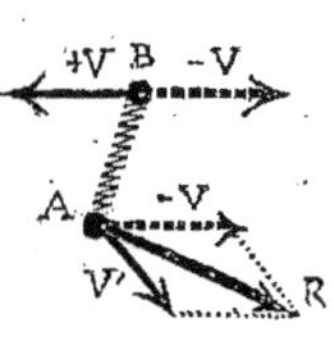

Fig. 97.

166. Dans cette détermination du mouvement relatif de deux points matériels, il se présentera deux cas : 1° les deux points auront leurs mouvements dans la même direction ou dans des directions parallèles, de même sens ou de sens opposé (fig. 89, 90, 91 et 96); 2° les deux mouvements seront de directions différentes (fig. 92, 93, 94 et 95).

167. Dans le premier cas, le mouvement relatif est égal à la somme ou à la différence des deux mouvements absolus : cela résulte de l'application du principe du n° 165. Ainsi, soient V et V′ les vitesses des points A et B (fig. 98), en supposant aux deux points une vitesse commune —V, on a le point B en repos et le point A sollicité par deux vitesses V′ et —V, donc la vitesse relative est + (V′—V) ou —(V—V′). On peut, du reste, prouver la justesse du principe directement : en effet, si l'on prend le point B pour origine des espaces parcourus par le point A, la distance réelle que ce dernier point parcourra sera évidemment AC (fig. 98); mais pour un observateur entraîné avec B, la distance parcourue dans

le même temps serait AB + BD — AC, parce que la distance des deux points étant AB à l'origine des temps, sera CD à la fin. Le point **A** aura donc parcouru, par rapport à B, la distance AC — BD, puisque B lui-même parcourt BD; c'est-à-dire que le point A s'est rapproché de B de la quantité AC — BD. Si AC = BD, la distance dont A se rapproche est nulle, donc le point **A**, quand les vitesses sont parallèles, égales et de même sens, est en repos relatif par rapport à **B**.

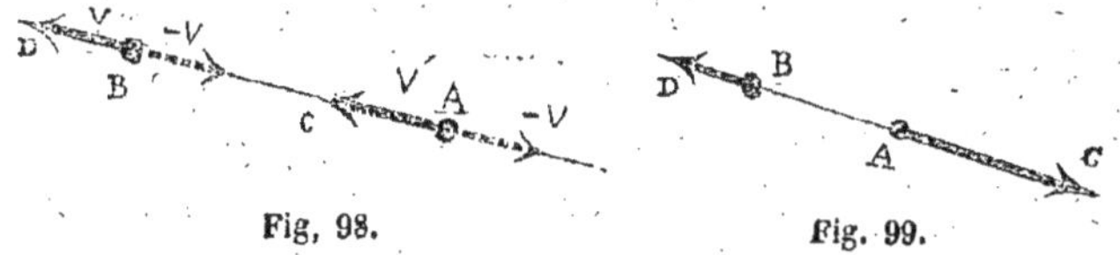

Fig. 98.   Fig. 99.

168. Si les deux vitesses sont de sens opposés (fig. 99), le mouvement relatif de A, par rapport à B, sera AC + BD, car la distance entre les deux points étant AB à l'origine du temps, elle sera AB + AC + BD à la fin; le point **A** aura donc, par rapport à un observateur entraîné avec B, parcouru dans le temps considéré un espace AC + BD. Ces deux explications vérifient la règle du n° 165.

169. Si les vitesses possédées par les points A et B ne sont pas dans la même direction, on appliquera encore le principe, c'est-à-dire que l'on supposera (fig. 100) qu'on sollicite les deux points A et B, avec une vitesse égale, mais opposée à celle du point B de comparaison, qui peut alors être considéré comme en repos, et le mouvement relatif

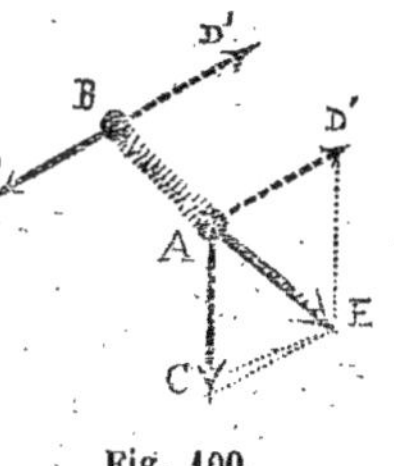

Fig. 100.

5.

n'ayant pas changé par cette hypothèse, le point **A** soumis à deux vitesses AC et AD′, a pour mouvement, par rapport à **B** immobile, la vitesse résultante AE, *vitesse relative.* Les vitesses BD′, AD′ supposées aux points A et B n'ont pour effet que de changer la position des deux points sur le plan où ils se meuvent, mais non leur position relative. La vitesse réelle BD du point **B**, où l'on suppose placé l'observateur, s'appelle, pour cela même, *vitesse d'entraînement* (Bélanger).

170. Par conséquent, dans tous les cas possibles, pour trouver la vitesse relative d'un point **A**, par rapport à un point **B**, il faut supposer transportée au point A une vitesse égale en grandeur à celle d'entraînement et qui lui soit parallèle, mais directement opposée.

171. Si l'on voulait déterminer, au contraire, la vitesse relative du point **B**, par rapport à **A**, on agirait de même, mais (fig. 101) AC serait la vitesse d'entraînement et la vitesse relative BF est visiblement égale, mais directement opposée à la vitesse AE, relative du point **A**, par rapport au point **B**; car, en effet, on voit que les deux parallélogrammes (fig. 100 et 101) sont construits avec les mêmes droites placées inversement.

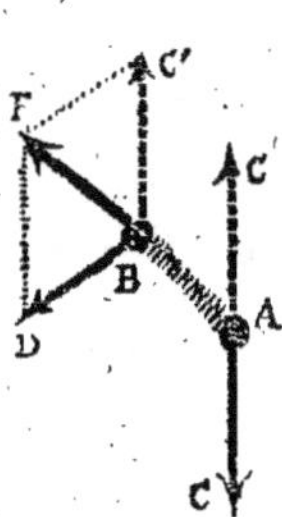

Fig. 101.

172. Les mouvements relatifs sont la cause de plusieurs illusions : ainsi, pour un observateur entraîné avec un bateau, les arbres du rivage semblent avoir un mouvement opposé à celui du bateau et d'égale vitesse; pour une personne entraînée avec un wagon ayant une

vitesse de 25 mètres par seconde, les wagons qui vien-
nent en sens opposé, avec la même rapidité, semblent
avoir l'énorme vitesse de 50 mètres, somme des vitesses
des deux convois. Le soleil semble tourner autour de la
terre, et pour une personne animée d'un mouvement de
rotation, les objets immobiles autour d'elle semblent
prendre un mouvement opposé à celui qu'elle avait pendant les quelques instants qui suivent le moment où elle
s'arrête.

173. Il ne faut pas croire que l'étude des mouvements
relatifs ne puisse être faite qu'au point de vue de la
curiosité; loin de là, il n'y a en réalité que des mouvements relatifs, et ils sont toujours à considérer dans le
calcul des machines et dans tous les phénomènes naturels où un mouvement quelconque a lieu.

Ainsi, dans le mouvement de renversement de la terre
par le versoir, ce n'est pas de ce mouvement réel que
dépend la force, mais du mouvement relatif de la terre
par rapport au versoir qui se meut; nous étudierons en
détail ce mouvement particulier.

Dans le tir au vol, le chasseur habile apprécie le
mouvement relatif, et tire en avant de l'oiseau, pour
tenir compte de l'espace qu'il parcourt pendant le temps
que le plomb doit employer pour atteindre le but, etc.

§ IV. — Des diverses espèces de mouvements relatifs.

174. Dans le paragraphe précédent, nous avons donné
le moyen de déterminer, pour chaque cas particulier,
en grandeur et en direction, la vitesse relative de deux

points ayant des mouvements rectilignes uniformes différents : il est visible que le mouvement relatif sera
uniforme, si les directions sont parallèles; et varié, si
les directions ne sont pas parallèles. On peut donc,
lorsqu'il en est besoin, déterminer la loi du mouvement
relatif de deux points; si les points ont des mouvements
curvilignes, on décomposera ceux-ci en mouvements
rectilignes et, enfin, si les mouvements sont variés, on
les considérera comme une suite de mouvements uniformes; ainsi, dans les cas les plus compliqués, on
pourra déterminer la trajectoire et la loi du mouvement
relatif de deux points.

Nous avons, dans la section Ire, étudié toutes les lois
qui peuvent se présenter; il nous reste donc à examiner,
pour achever l'étude des mouvements relatifs, quels sont
les divers mouvements qu'un point peut avoir par rapport à un autre point, au point de vue de la trajectoire.

175. A ce dernier point de vue, on peut diviser les
mouvements relatifs en deux es-
pèces : 1° les mouvements d'attraction ou de répulsion des deux
points entre eux (fig. 102); 2° le
mouvement circulaire de rotation
d'un point autour de l'autre.

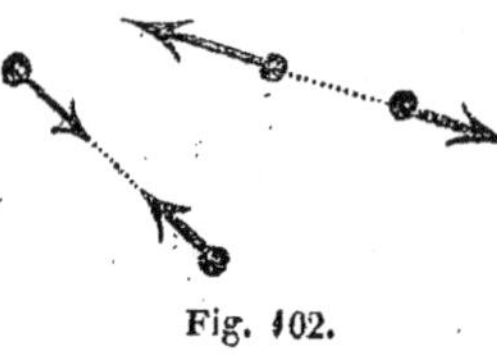

Fig. 102.

Les mouvements d'attraction ou de répulsion ont pour
effet de rapprocher ou d'éloigner les deux points sur la
ligne droite qui les unit; il n'y a rien à en dire, après
ce que nous avons vu, section Ire.

Le mouvement circulaire de rotation ne rapproche
pas les points l'un de l'autre, mais la ligne qui les

joint varie de position à chaque instant (fig. 103).

Ces deux mouvements relatifs peuvent exister simultanément ; on a alors un mouvement mixte qu'on peut appeler *orbiculaire* : il a pour résultat, outre un rappro-

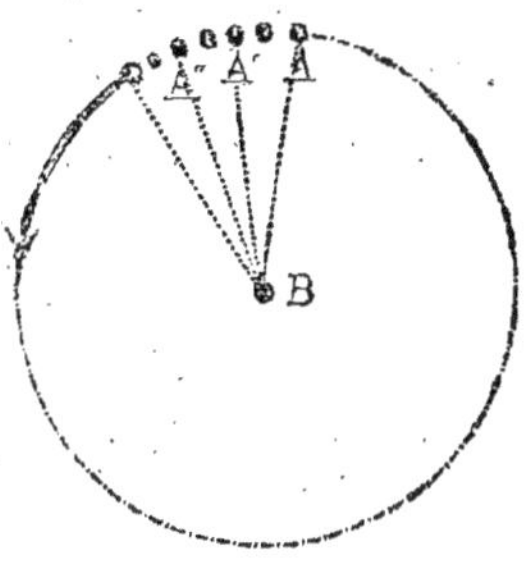

Fig. 103.

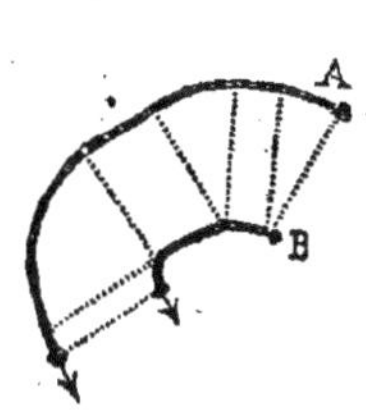

Fig. 104.

chement ou un éloignement des deux points, de changer aussi la direction de la ligne qui les joint à chaque instant (fig. 104).

176. Lorsque la trajectoire du mouvement est une circonférence de cercle, le mouvement est dit *circulaire*, et si l'on considère deux positions **M** et **M'** du point mobile (fig. 105), infiniment rapprochées l'une de l'autre, la ligne **MM'**, que nous faisons appréciable, est un élément linéaire, c'est-à-dire une droite réduite à ses deux points extrêmes ; elle se confond donc avec la corde, et jouit,

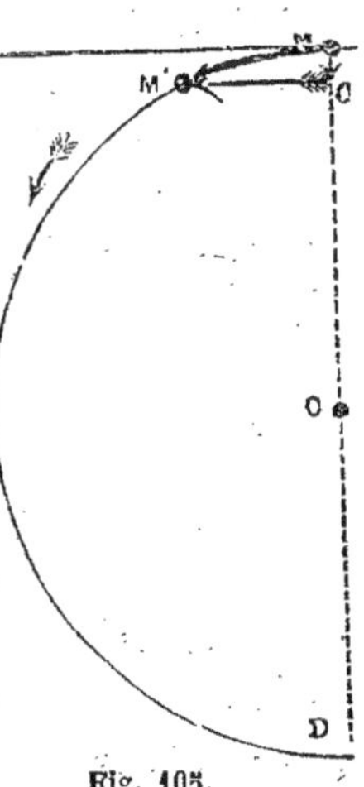

Fig. 105.

par suite, des propriétés de cette dernière. Si l'on décompose l'espace parcouru MM', suivant les directions perpendiculaires MO et MT; la première suivant le rayon et la seconde suivant la tangente au point M, on aura ce qu'on appelle le mouvement *central* et le mouvement *tangentiel*, équivalents lorsqu'ils existent simultanément au mouvement MM', suivant la circonférence.

Or, d'après la remarque sur la composition de deux vitesses, il suffit de faire le triangle des vitesses MM'C, en abaissant M'C perpendiculairement sur le rayon : M'C représente la vitesse tangentielle et MC la vitesse centrale remplaçant la vitesse résultante MM' du mouvement sur la circonférence.

177. Or (*Géométrie agricole*), on sait que la corde MM' est moyenne proportionnelle entre le diamètre MD et le segment MC; donc, si l'on appelle V la vitesse sur la circonférence, C, la vitesse centrale, t la vitesse tangentielle et enfin, r, le rayon de la circonférence, on a $V^2 = 2r \times C$, d'où l'on tire, en divisant les deux quantités égales par la même quantité $2r$: $\dfrac{V^2}{2r} = C$, c'est-à-dire que la vitesse centripète (vitesse attirant vers le centre) est égale au quotient du carré de la vitesse circulaire par le diamètre de la circonférence décrite.

178. Le triangle des vitesses étant rectangle, on a, en conservant les mêmes notations que précédemment, $t^2 = V^2 - C^2$, c'est-à-dire que le carré de la vitesse tangentielle est égal à la différence entre le carré de la vitesse sur la circonférence et celui de la vitesse centripète.

179. Ainsi, par exemple, un point situé sur l'équa-

teur à la surface de la terre, parcourt un peu plus de 40 000 000 de mètres dans une journée ou dans 86 400 secondes : sa vitesse sur la circonférence est donc de $\frac{40\ 000\ 000}{86\ 400} = 463$ mètres ; sa vitesse centripète sera $\frac{463 \times 463}{12\ 738\ 853^m} = 0^m,016$; et sa vitesse tangentielle sera égale à $\sqrt{463 \times 463 - 0,016 \times 0,016}$, c'est-à-dire un tant soit peu moindre que 463 mètres ; nous sommes donc animés d'une vitesse tangentielle égale à 14 fois celle d'une locomotive à sa plus grande vitesse.

180. Lorsque le mouvement est orbiculaire, c'est-à-dire lorsque, en même temps que le point A (fig. 105) a un mouvement de rotation, il s'éloigne ou se rapproche du point de comparaison B. On peut toujours représenter par AV (fig. 106) la vitesse suivant la direction

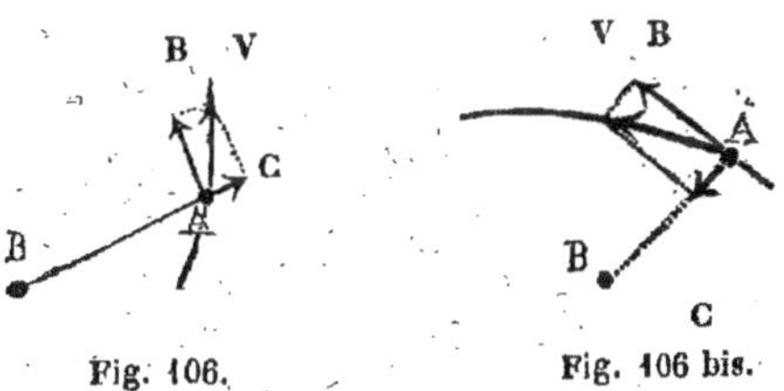

Fig. 106.   Fig. 106 bis.

d'un élément circulaire de la trajectoire relative et la décomposer en deux, l'une normale à la courbe et l'autre tangentielle, comme dans le n° 176. La première vitesse composante AC tend à éloigner ou rapprocher le point A du point B, suivant le rayon vecteur ; le mouvement fictif qui aurait lieu sur AC s'appelle mouvement central et sa vitesse, vitesse centrale, et, suivant le sens dans lequel elle agit par rapport au centre **B**, vitesse centripète ou vitesse centrifuge (fig. 106 et 106 *bis*).

La deuxième composante **MT** ayant pour tendance d'éloigner le point suivant la tangente à l'élément **AV**, le mouvement fictif qui aurait lieu sur cette droite s'appelle le mouvement tangentiel et sa vitesse, la vitesse tangentielle du point **A** à l'instant considéré.

181. Suivant les relations qui existeront entre ces deux mouvements composants, la trajectoire sera une courbe d'une certaine espèce. Nous avons vu la relation existante dans le cas d'un mouvement circulaire : on pourrait, s'il y avait quelque utilité, rechercher les courbes diverses correspondant aux différents rapports qu'on peut imaginer entre la vitesse tangentielle et la vitesse centripète, mais nous ne nous y arrêterons pas. Ce qui précède est indiqué dans le seul but de ne laisser aucune lacune.

182. Les lois du mouvement seront les mêmes sur un cercle et sur une courbe quelconque que lorsque le mouvement a lieu sur une trajectoire droite : les mouvements relatifs peuvent donc être uniformes ou variés d'une manière quelconque.

183. Deux points quelconques pouvant avoir, l'un par rapport à l'autre, les diverses espèces de mouvements que nous venons d'examiner, il en sera évidemment de même pour tous les points d'un système matériel quelconque, pris deux à deux, et l'on pourra, en opérant comme précédemment, avoir les divers mouvements relatifs de tous les points du corps considéré.

Ce problème général très compliqué se simplifie par

les conditions d'assemblage existant entre les divers points du système matériel ; suivant les restrictions, on aura des systèmes gazeux, liquides et plus ou moins solides. Les seuls systèmes que la mécanique rationnelle puisse examiner sont ceux de forme invariable, ou les corps absolument solides. Il n'y en a pas, en réalité, mais cette hypothèse peut se faire sans erreur appréciable dans beaucoup de cas ; nous l'adopterons donc. Quant à l'étude des systèmes compressibles, ou fluides, les mouvements qu'ils peuvent prendre dépendent tellement des causes étrangères assujettissantes, qu'il ne peut en être parlé que dans la seconde partie de ce travail (*Mécanique matérielle*).

184. En résumé, dans les mouvements d'un système de points matériels, il devient nécessaire de tenir compte de la relation d'assemblage de ces points entre eux ; suivant les hypothèses que l'on peut faire, ces systèmes seront des *solides de forme invariable*, ou des solides plus ou moins *compressibles ;* des *liquides parfaitement fluides*, ou des liquides plus ou moins visqueux ; enfin, des gaz plus ou moins expansibles. En outre, il est indispensable de distinguer les cas où ces corps sont *libres* et celui où ils sont *assujettis ;* l'assujettissement des corps entraînant, dans les lois du mouvement, des complications que nous ne pourrons aborder que dans la deuxième partie (*Mécanique matérielle*). Dans le cas où le mobile est assujetti, le nombre des mouvements qu'il peut avoir est limité par le genre d'assujettissement, et souvent un seul mouvement se trouve possible. Il convient donc de considérer d'abord les divers mouvements des mobiles

libres, car dans ces mouvements seront compris ceux qui pourraient avoir lieu dans les cas d'assujettissement.

Or, seuls, les corps solides de forme invariable peuvent être supposés libres, car les conditions de compressibilité, fluidité ou gazéité entraînent nécessairement l'idée de l'assujettissement ; en effet, si un liquide parfaitement fluide est abandonné à lui-même, il se répand de toutes parts indéfiniment, et un gaz non renfermé entre des parois solides disparaît presque instantanément. Nous allons donc nous occuper du mouvement des corps solides, puisque eux seuls peuvent être libres.

CHAPITRE II.

DES MOUVEMENTS D'UN CORPS SOLIDE.

DÉFINITIONS.

185. Un corps est, en mécanique rationnelle, considéré comme solide lorsque les distances mutuelles de ses points ne peuvent être altérées en aucun cas ; c'est-à-dire lorsqu'il est de forme invariable : d'où il résulte qu'un point d'un semblable système ne peut se mouvoir qu'en entraînant dans son mouvement tous les autres points sans aucune exception.

§ Ier. — Des divers mouvements d'un solide.

186. Les mouvements simples d'un corps solide sont

les mouvements de translation rectiligne et curviligne et ceux de rotation circulaire.

187. Dans les deux premiers mouvements, les conditions suivantes doivent être remplies :

1° Tous les points du système décrivent des courbes égales et superposables ;

2° Ces points conservent entre eux des distances invariables ;

3° Les droites égales qui joignent les mêmes points du système sont toujours parallèles à elles-mêmes. Si les vitesses égales pour chaque point ont une direction constante, le mouvement de translation est rectiligne ; et, évidemment, il peut être uniforme ou varié ; si les directions des vitesses, tout en restant parallèles l'une à l'autre, changent à chaque instant, le mouvement de translation est curviligne.

188. Lorsque tous les points d'un solide, décrivent des circonférences dans des plans normaux à une droite sur laquelle se trouvent les centres, on dit que le corps solide a un mouvement de rotation autour de la droite, qu'on nomme alors *axe*.

189. Comme exemples de mouvement de translation rectiligne, on peut citer le mouvement d'un *piston* (fig. 108) dans un corps de pompe, celui d'un corps so-

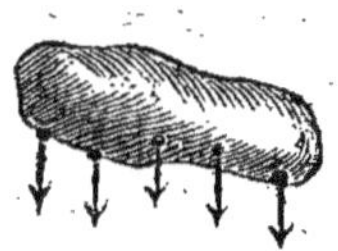

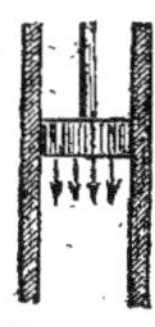

Fig. 107.   Fig. 108.

lide tombant (fig. 107), sans tourner, par l'action de la

pesanteur ; l'essieu d'un chariot descendant sur une courbe possède un mouvement de translation curviligne. Les courbes égales de la figure 109 représentent les

Fig. 109.

trajectoires de différents points de l'essieu. Les exemples de mouvement de rotation des corps solides sont très communs : une roue de chariot, une manivelle, etc.

§ II. — Des mouvements de translation.

190. Nous venons de voir qu'on nomme *mouvement de translation rectiligne* celui dans lequel tous les points du corps parcourent des droites parallèles avec des vitesses égales à tous les instants.

Les diverses lois du mouvement d'un point isolé s'appliquent évidemment à chacun des points du système, et puisque tous ont, en vertu de la définition, les mêmes vitesses, il suffit de connaître la loi du mouvement d'un des points ; il suffit, en outre, que trois points, non en ligne droite, du corps solide aient un mouvement de translation parallèle pour qu'il en soit de même pour tous les autres points ; cela résulte de la définition même d'un corps solide. En effet, ces trois points déterminent un plan ; si l'on suppose le corps coupé par un nombre infini de plans parallèles à ce premier, il est visible que les points de ce dernier ayant avec les trois points un mouvement de translation, tous les points du plan voisin doivent avoir les mêmes vitesses; sans cela, entre les points de cés deux plans, il y aurait variation de distance, ce qui est contre la définition d'un solide de forme invariable.

191. Lorsque la vitesse commune à tous les points du solide reste constante pendant toute la durée considérée, le mouvement est dit de *translation rectiligne uniforme*, et si, comme dans la première section, on appelle V cette vitesse constante, E l'espace parcouru par un quelconque des points du corps, au bout d'une durée représentée par t, on aura pour loi des espaces $E = V \times t$, si le mobile solide est parti du repos; et si, au contraire, au commencement de l'observation le corps avait déjà parcouru un espace initial E_o, on aurait : $E = E_o \pm V \times t$: $+$, si la vitesse est dans le sens de l'espace initial, et $-$ pour le sens opposé. Les deux formules précédentes serviront à résoudre tous les problèmes qui pourraient se présenter; en réalité, il est très rare que le mouvement d'un solide soit rigoureusement uniforme, mais si les variations de vitesses sont très peu considérables, ou qu'au moins elles soient périodiquement les mêmes ou à très peu près, il suffit pour les besoins de la pratique de considérer comme constante une vitesse fictive moyenne telle que, multipliée par le temps total, elle donne pour produit l'espace total. Ainsi la vitesse d'un attelage n'est évidemment pas constante, elle est périodiquement plus faible et plus élevée qu'une vitesse moyenne que pour simplifier on suppose constante, et pour la déterminer on divise l'espace total qu'ont parcouru les animaux de trait par le temps total employé.

dans ce parcours, et le quotient est ce qu'on appelle la vitesse moyenne.

192. De même, si le mouvement de translation est tel que la vitesse, commune aux différents points du solide, augmente ou diminue suivant une certaine loi, ce mouvement est dit de *translation variée;* il y aura à distinguer le cas particulier d'un mouvement varié tel que les vitesses augmentent ou diminuent proportionnellement aux temps : il sera alors *uniformément varié.* Tels seraient les mouvements des corps solides dans le vide, lorsqu'ils tomberaient, par l'effet de la pesanteur, d'une hauteur peu considérable par rapport au rayon du globe, et, en supposant qu'ils soient lancés de telle sorte qu'ils ne puissent tourner sur eux-mêmes, le mouvement de chute serait uniformément accéléré; il serait uniformément retardé, au contraire, si le mobile était lancé de bas en haut.

193. Lorsque la chute du corps a lieu dans l'air, nous verrons (*Mécanique matérielle*) que ces lois ne se vérifient plus, mais qu'on s'en éloigne d'autant moins que le mobile solide est d'un plus petit volume et d'une plus grande densité et que l'espace parcouru est moins considérable. Tout ce que nous avons dit dans les numéros précédents, sous le rapport des lois du mouvement de translation rectiligne, est évidemment applicable à chaque élément linéaire des mouvements curvilignes de translation; il serait donc oiseux de nous y arrêter. Ainsi les mouvements de translation, en général, peuvent avoir toutes les lois que nous avons reconnues dans l'examen des différents mouvements d'un point isolé.

§ III. — Mouvement de rotation d'un solide autour d'un axe.

194. D'après la définition, un solide est en rotation lorsque chacun de ses points décrit, dans un plan perpendiculaire à une droite (fig. 110), une circonférence dont le centre est sur cette droite appelée *axe*. Le mobile étant supposé absolument solide, c'est-à-dire de forme invariable, tous ses points restent les uns par rapport aux autres dans la même position ; d'où ce théorème, ou plutôt cette remarque :

Tous les points d'un solide en mouvement de rotation décrivent dans le même temps des arcs de circonférence d'un même nombre de degrés, quelles que soient leurs distances respectives à l'axe.

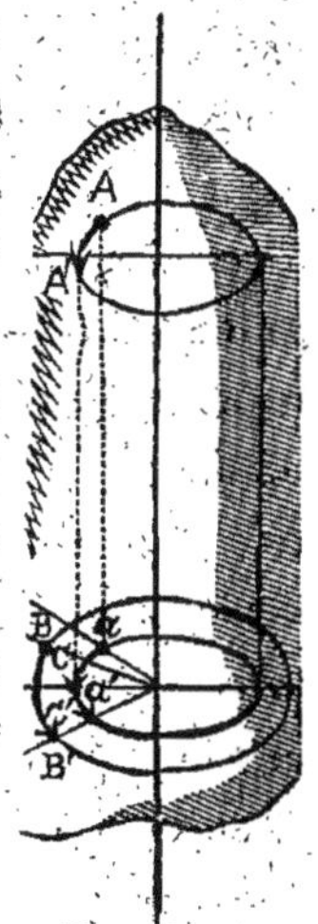

Fig. 110.

En effet, soient A et B deux points quelconques du corps solide en mouvement de rotation ; soient, d'après la définition, AA', BB', les circonférences décrites par ces points autour de l'axe, et AA', BB'a, les plans de ces circonférences, je dis que le point A décrira un arc AA' du même nombre de degrés que celui (BB') décrit par le point B dans le même temps. Pour le prouver, supposons un cylindre dont la base soit le cercle AA' ; la surface de ce cylindre rencontrera le plan PQ suivant une circonférence CC'a ; le point a situé sur la même génératrice que le premier point A décrira une circonférence aCC′ égale à AA′ ; mais, suivant la définition, les points A et a ne doivent pas varier de distance l'un par rapport à l'autre : donc il faut que l'arc aa' décrit par a, dans un temps quelconque t, soit égal à l'arc AA′ parcouru par A dans le même temps ; car, si cet arc aa' était plus petit ou plus grand que AA′, le point a se serait éloigné de A. Dans le plan BB′a, le point C, situé sur la même circonférence que le point a, décrit un arc CC′ égal à aa', car sans cela la distance finale C′a' serait plus grande ou plus petite que l'écartement initial Ca ; donc le point C, que nous avons choisi sur le rayon O′B, décrit un arc CC′ d'un même nombre de degrés que aa', et par suite AA. Or, B, qui se trouve sur le rayon OC au commencement du temps, doit s'y trouver encore à la fin, sans cela le point B se serait éloigné du point C, ce qui est contraire à l'hypothèse de solidité absolue ; donc enfin le point B décrit l'arc BB′ du même nombre de degrés que AA′.

195. *Corollaire.* — Les arcs AA′, BB′ du même nombre de degrés, mais de rayons différents OA (r), OB (r'), sont entre eux comme ces rayons ; c'est-à-dire que l'on a : $\dfrac{AA'}{r} = \dfrac{BB'}{r'}$. Ce qui revient à dire que dans un mouvement de rotation, les points du corps solide parcourent dans le même temps des espaces inégaux, mais tels qu'entre chaque espace et le rayon du point correspondant il y a un même rapport.

196. Si le mouvement de rotation est uniforme et qu'on appelle V, V′, V″, etc., les vitesses des points situés à des distances respectives r, r', r'', etc., de l'axe,

on a : $\dfrac{V}{r} = \dfrac{V'}{r'} = \dfrac{V''}{r''}$, etc., car les vitesses étant les espaces parcourus dans une seconde, ces équations rentrent
dans le cas général indiqué dans le numéro précédent.

Les vitesses des divers points pourront différer dans
de très grandes limites; ainsi, ceux placés sur l'axe
tourneront avec une vitesse nulle, tandis que les points
éloignés auront une grande vitesse; il paraît donc, au
premier abord, très difficile de comparer, sous le rapport de la rapidité, deux mouvements de rotation; mais
en réfléchissant un peu, il vient naturellement à l'esprit
de prendre pour comparaison des points également distants de l'axe dans les deux corps : ainsi, en indiquant
que le premier solide a un mouvement tel, que le point
situé à 2 mètres de l'axe possède une vitesse de $1^m,50$
par seconde, et qu'un point du deuxième corps également
éloigné de 2 mètres de son axe de rotation a une vitesse
de 3 mètres, évidemment on peut dire que le deuxième
mouvement de rotation a une vitesse double du premier.
En outre, on peut convenir que les points choisis pour
comparaison seront toujours situés à une distance de
l'axe égale à l'unité de longueur, c'est-à-dire à 1 mètre;
alors la vitesse du point situé à 1 mètre, pour tous les
solides en mouvement, est celle qui indique la rapidité;
cette vitesse particulière a été, pour cette raison, nom-
mée *vitesse angulaire;* nous la désignerons par ω.

197. Si nous revenons au rapport existant entre les
vitesses de deux points du même solide tournant, et
leurs distances à l'axe, on a $\dfrac{V}{r} = \dfrac{V'}{R'}$: or, on peut sup-

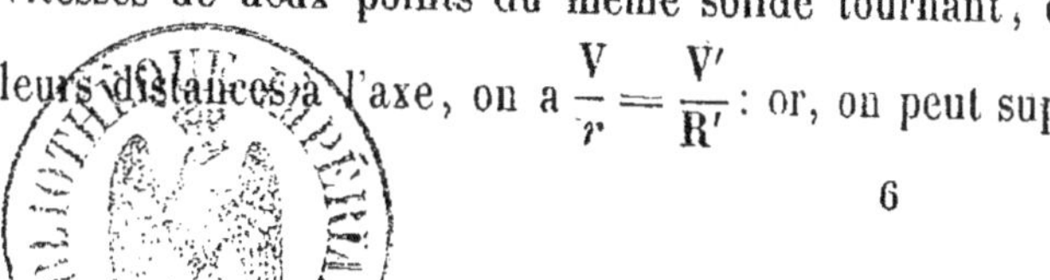

6

poser dans cette proportion qu'un des points est à la distance $R' = 1$ mètre ; alors V' est la vitesse angulaire ω, et la proportion ci-dessus revient à $\dfrac{V}{r} = \dfrac{\omega}{1}$ ou $\dfrac{V}{r} = \omega$;

ce qui se traduit ainsi , en langage vulgaire :

La vitesse angulaire d'un mouvement de rotation est égale au rapport existant entre la vitesse d'un point quelconque et la distance de ce point à l'axe de rotation.

198. De l'équation $\dfrac{V}{r} = \omega$ on tire , en multipliant les deux membres par r :..... $V = r \times \omega$ ou : *La vitesse d'un point quelconque d'un solide en rotation est égale à la vitesse angulaire multipliée par la distance du point considéré à l'axe.* Ces deux équations serviront à résoudre tous les problèmes de détermination des vitesses d'un mouvement de rotation.

199. Il y a un second moyen de fixer la rapidité des mouvements de rotation : il consiste dans l'indication du nombre de tours complets que le corps solide fait dans un temps donné, une minute, par exemple ; cette détermination revient, du reste, à la précédente, car *les vitesses angulaires de deux mouvements de rotation sont en raison directe des nombres de tours effectués dans le même temps.* En effet, soient n le nombre de tours et ω la vitesse angulaire du premier mobile, ω' et n' les quantités correspondantes pour le deuxième mobile : la vitesse angulaire, puisque le mouvement est uniforme, sera égale au quotient de l'espace parcouru dans une minute par le nombre de secondes, 60, compris dans une minute. Or, le point situé à 1 mètre dans le premier mobile parcou-

rant par minute n fois une circonférence de 1 mètre de rayon, et dont par suite le développement est égal à $6^m,28$, on a pour vitesse angulaire $\omega = \dfrac{n \times 6,28}{60}$; de même pour le deuxième mobile on aura $\omega' = \dfrac{n' \times 6,28}{60}$, c'est-à-dire qu'en effectuant la division de 6,28 par 60, on arrivera à $\omega = 0,10472 \times n$, et $\omega' = 0,10472 \times n'$; d'où l'on déduit visiblement, en divisant ces deux égalités, nombre à nombre, $\dfrac{\omega}{\omega'} = \dfrac{n}{n'}$, ce qu'on peut mettre ainsi en proportion $\omega : \omega' : : n : n'$.

200. D'après ce qui précède, lorsqu'on connaît le nombre de tours, on peut déterminer immédiatement la vitesse angulaire par la formule $\omega = 0,10472 \times n$, c'est-à-dire par une simple multiplication ; et, réciproquement, lorsqu'on connaît la vitesse angulaire, on détermine le nombre de tours par la formule $n = \dfrac{\omega}{0,10472}$, c'est-à-dire par une division, ou, ce qui revient au même, par $n = 9,5493 \times \omega$.

201. Ainsi, dans une machine à battre, le point d'application du tirage décrit une circonférence de 3 mètres de rayon avec une vitesse de $0^m,85$; les points extrêmes des battes sont distants de $0^m,34$ de l'axe, et le batteur fait 610 tours par minute : on demande quelle est la vitesse angulaire du manége, celle du batteur, et enfin leur rapport. En appliquant les formules pratiques des numéros précédents, on a, pour le manége, $\omega = \dfrac{0^m,85}{3^m} = 0^m,283$;

pour le batteur, $\omega' = 0^m,10472 \times 610$ tours $= 63^m,879$; le rapport entre la vitesse angulaire du batteur et celle du manége est $\dfrac{\omega'}{\omega} = \dfrac{63^m,879}{0^{ni},283} = 225^m,72$; c'est-à-dire que la vitesse du mouvement de rotation du batteur est environ 226 fois plus grande que celle du cheval au manége.

202. Si un mouvement de rotation est varié, il y a entre les variations de vitesses de ses différents points le même rapport qu'entre les rayons respectifs : cela se déduit encore de la condition de solidité absolue. Il est très rare qu'en mécanique appliquée on ait à considérer d'autres mouvements de rotation que des mouvements uniformes; il n'est donc pas nécessaire de s'arrêter davantage sur le cas des rotations à vitesses variables.

§ IV. — Mouvements orbiculaires ou mixtes.

203. Lorsqu'un solide a, autour de son axe, un mouvement de rotation combiné d'une manière quelconque avec un mouvement de translation, la courbe décrite par chacun des points dans un plan perpendiculaire à l'axe sera, ou pourra être, considérée comme la trajectoire résultante de deux mouvements, l'un tangentiel et l'autre centripète, c'est-à-dire que l'on revient à l'étude, faite précédemment, des mouvements curvilignes d'un point par rapport à un autre : ce que nous dirions ne serait donc qu'une répétition inutile du paragraphe précédent.

SECTION III.

DU MOUVEMENT D'UN SYSTÈME DE CORPS SOLIDES.

204. Dans un système mobile composé de plusieurs solides de forme invariable, il est évidemment possible de considérer les mouvements des corps pris deux à deux; par suite, il suffit de s'occuper du cas simple de l'étude des mouvements d'un système de deux corps solides.

CHAPITRE PREMIER.

MOUVEMENTS D'UN SYSTÈME DE DEUX CORPS SOLIDES.

§ Ier. — Des divers mouvements de ce système.

205. De même que dans les mouvements de deux points, nous distinguons deux cas : les solides auront des mouvements ou *identiques* ou *différents*.

206. Pour que les mouvements soient identiques, il faut qu'à chaque instant, si les mouvements sont de translation, les vitesses de chacun des points soient parallèles, égales et de même sens; si les solides tournent tous deux, il faut que les vitesses angulaires soient parallèles, égales et de même sens.

207. Les mouvements ne sont pas identiques, si les

6.

vitesses des différents points varient en direction, grandeur, ou sens, séparément ou de deux ou trois de ces manières simultanément : on voit ici encore une grande analogie avec l'étude des mouvements *différents* de deux points. Il suffit, après ce qui a été dit précédemment, de résumer ainsi : *Toutes les fois que les mouvements de deux solides sont identiques, tous les points du premier solide restent dans la même position par rapport à tous les points du deuxième solide*, et, contrairement, si les vitesses des mouvements diffèrent seulement par une des quantités, direction, grandeur ou sens, ou *à fortiori* par deux ou trois de ces valeurs combinées d'une manière quelconque, les points du premier mobile changeront de position par rapport à ceux du deuxième mobile, et réciproquement, c'est-à-dire que *les deux solides auront un mouvement relatif* l'un par rapport à l'autre. C'est de la détermination de ce mouvement relatif que nous devons nous occuper seulement, car les mouvements des corps solides ayant été étudiés précédemment pour un mobile isolé, tout ce qui a été dit pour ce seul corps s'applique aux deux solides composant le système tant qu'ils ont des mouvements identiques.

§ II. — Du mouvement relatif de deux corps solides.

208. On peut toujours ramener la détermination du mouvement relatif de deux corps solides à celle du mouvement relatif de deux points : en effet, la vitesse d'un point du solide ou, en général, sa loi de mouvement étant connue, on en déduit nécessairement, par suite de

la condition de solidité, les vitesses de tous les autres points. Si donc on choisit un point remarquable du premier corps pour déterminer le mouvement relatif de ce second solide, le mouvement relatif de ce dernier mobile est connu, car de ce premier point on déduit, par des proportions, le mouvement relatif de tous les points matériels qui composent le deuxième mobile. Il serait ensuite possible de trouver le mouvement relatif du second solide par rapport à d'autres points du premier mobile, si cela était le moindrement utile.

209. Quelques exemples de mouvements différents de deux solides avec l'indication de leurs mouvements relatifs suffiront pour faire saisir l'analogie du problème que nous traitons avec celui du mouvement relatif de deux points.

1er EXEMPLE (fig. 111). — Soient deux solides glissant l'un sur l'autre, avec des vitesses de translation différentes; il est visible que le mouvement relatif de deux

Fig. 111. Fig. 112.

points voisins étant déterminé, ce sera celui de deux points quelconques en grandeur, direction et sens.

2e EXEMPLE (fig. 112). — Cylindre solide tournant contre une planche avec une vitesse de rotation plus ou moins grande dans un sens ou dans l'autre. On détermine le mouvement relatif du point B du cylindre, par rapport au point B de la planche. Or, nous avons vu que dans ce cas le point B tournant autour du centre avec une certaine vitesse, a, par rapport au point B, un mouvement dont la trajectoire est une cycloïde ordinaire lorsque $V' = V$ en grandeur ; la cycloïde sera allongée ou raccourcie suivant que V' sera plus grande ou plus petite que V : c'est-à-dire que si la planche a une vitesse de translation égale à la vitesse d'un point de la surface du cylindre, la cycloïde est ordinaire (fig. 82) ; elle est allongée (fig. 83) si la planche a une vitesse plus grande, et enfin raccourcie si, au contraire, la vitesse de la planche est plus faible que celle d'un point B de la surface du cylindre (fig. 84).

3ᵉ Exemple (fig. 113). — Deux cylindres tournant autour de leurs axes en restant tangents et de telle sorte que le chemin parcouru par chaque point de la surface est le même, bien que les diamètres soient différents ;

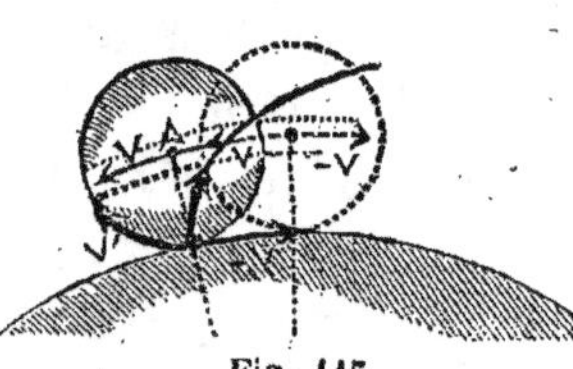

Fig. 113.

mais ces vitesses égales sont de sens contraire : alors le mouvement relatif est tel que si l'un des cylindres roulait sur l'autre sans glisser, la courbe décrite par un point de la surface du premier cylindre est une épicycloïde, et chacun des mouvements des autres points peut être trouvé lorsqu'on connaît seulement celui du premier point que nous avons considéré.

Ainsi nous avons indiqué les mouvements relatifs de quatre points diversement situés, en nous appuyant seulement sur l'hypothèse de l'invariabilité des positions relatives des divers points du solide mobile.

4e EXEMPLE (fig. 114). — Un corps tombe suivant la génératrice verticale d'un cylindre tournant avec une vitesse plus ou moins grande : en déterminant le mouvement du point A, tangent au cylindre par rapport au point B, la vitesse du premier étant V et celle du point B étant V', comme faisant partie de la surface cylindrique, le mouvement relatif de A, par rapport à B, sera une parabole tracée sur le cylindre.

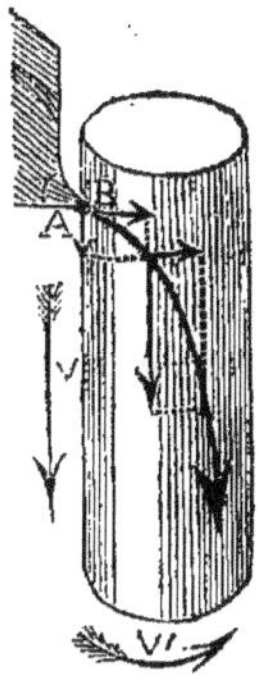

En résumé, on peut toujours ramener la détermination du mouvement relatif de deux corps solides à celle du mouvement relatif de deux points.

Fig. 114.

FIN DE LA PREMIÈRE LIVRAISON.

TABLE DES MATIÈRES.

SECTION II. — Mouvements d'un système de points.

CHAP. I. — Mouvements d'un système de deux points.

CHAP. II. — Mouvements d'un corps solide.

SECTION III. — Mouvements d'un système de corps solides.

CHAP. I. — Mouvements d'un système de deux solides.

MÉCANIQUE GÉNÉRALE

LIVRE DEUXIÈME

DES FORCES

DÉFINITIONS

1. On désigne, par le mot FORCE, toute cause *produisant le mouvement*, ou le *modifiant d'une manière quelconque*.

2. Lorsque cette *cause met en mouvement* un corps précédemment en repos, ou *accroit* la vitesse que possède un mobile, on la désigne vulgairement par le nom de FORCE MOUVANTE.

3. Réciproquement, toute cause *arrêtant* un corps, précédemment en mouvement, ou *diminuant* sa vitesse, est appelée FORCE RÉSISTANTE.

4. Cette distinction n'est que relative; car une même orce peut être, tour à tour, *mouvante* ou *résistante*.

5. Les *forces* reçoivent diverses qualifications suivant les circonstances dans lesquelles elles agissent : on dit ainsi... force de *traction*, — *d'attraction*, — de *tension*, — de *pression*, etc. — Mais il est à présumer que, malgré ces diverses dénominations, toutes les forces sont de même nature, et ne sont que des manières diverses de se révéler d'un seul principe — *activité*. Quoi qu'il en

7

soit, elles sont toutes comparables entre elles, au point de vue mécanique (mouvement, masse), bien qu'elles nous paraissent fort dissemblables par leur provenance et leur manière d'agir.

6. Les forces, avons-nous dit précédemment, ne se manifestent à nous que par leurs *effets*; pourtant, il peut arriver que ces effets ne soient pas appréciables, les causes, ou forces, agissant cependant : la définition précédente doit donc être complétée, en ce sens que *lorsqu'une cause est connue, par une observation constante, comme produisant le mouvement*, elle est encore appelée FORCE, lors même qu'elle n'a pas actuellement d'effet *visible*. — Une force est donc aussi *toute* cause TENDANT *à produire le mouvement ou à le modifier*.

7. Dans l'action d'une force, trois choses sont à considérer : 1° *le point d'application ;* — 2° la *direction ;* et 3° l'*intensité* de la force. Ces trois éléments connus, la force est complétement déterminée, en tant que force *isolée ;* mais lorsqu'on considère plusieurs forces agissant simultanément, il est nécessaire d'indiquer le *sens* d'action de chacune des forces.

8. *Le point d'application* d'une force est le point géométrique sur lequel elle agit le plus directement.

9. *La direction* d'une force est la droite indéfinie que cette force ferait parcourir à un mobile, si elle agissait seule, et que le mobile fût entièrement libre de toute autre influence. La direction d'une force passe évidemment par le point d'application.

10. L'*intensité* d'une force est le nombre concret représentant la grandeur de cette force comparée à *celle* prise pour unité. Observons que les forces étant toujours

inconnues, nous ne pouvons dire qu'une force est double d'une autre, que lorsque l'effet de la première force est double de celui de la seconde : autrement dit, l'idée d'une *force double* naît de l'observation d'un *effet double*.

11. *Le sens* d'action d'une force est le sens du mouvement que cette force produirait si elle agissait seule : il n'y a que deux sens suivant une direction quelconque (liv. I, n° 44). C'est par la considération des sens différents que l'on distingue parfois les forces, agissant simultanément, en forces *positives* et en forces *négatives*. Ces deux mots signifient, tout simplement, que ce sont des forces agissant en *sens contraires*.

12. Une force est dite *constante* lorsque, pendant le laps de temps considéré, elle conserve son *intensité*, sa *direction* et son *sens* d'action ; c'est-à-dire que cette force continue à faire marcher le mobile avec le même accroissement d'*effet* pour des temps égaux, sur la même *direction* et dans le *même sens*.

13. Une force peut varier de plusieurs manières : 1° en augmentant ou diminuant d'*intensité*, à chaque instant ; 2° en changeant de *direction* ; c'est-à-dire en sollicitant le mobile suivant des droites différentes, à chaque instant ; 3° en changeant de sens à certaines périodes ; enfin, elle peut varier, en même temps, de deux ou trois de ces manières.

14. Toute force peut être représentée par une droite (direction de la force) — dont l'origine est au point d'application — et dont la longueur représente, à une échelle convenue, le nombre concret indiquant l'intensité de la force ; une flèche détermine le sens d'action.

15. Toutes les forces connues actuellement, ou plutôt tous les *noms* donnés aux causes inconnues du mouvement, sont indiquées sommairement dans le livre I, pag. 7, n° 9. Nous devons ici en donner une idée plus nette. Elles sont au nombre de quatre : les *attractions*, la *chaleur*, les forces *électro-magnétiques* et les forces *musculaires*.

16. Les attractions sont connues sous trois noms distincts : 1° l'*attraction terrestre*, *pesanteur* ou *gravité*; c'est l'action de l'ensemble de notre globe sur les divers corps matériels situés dans sa sphère d'activité ; 2° les *attractions moléculaires*, ou forces d'*affinité* et de *cohésion* unissant entre elles les molécules des corps; enfin, les *attractions célestes*, ou des astres les uns sur les autres, forces étudiées seulement dans l'astronomie (mécanique céleste), ces diverses attractions sont les principes de réunion qui président à la formation et à la conservation des corps et des mondes. C'est une sorte de principe vital de la matière.

17. La chaleur, principe actif contraire aux précédents, c'est-à-dire de *dispersion* des éléments des corps ou de *destruction* des mondes formés par les attractions. C'est, en résumé, une force ayant pour effet d'éloigner les molécules des corps les unes des autres (*dilatation*), et qui, suivant les phases de sa lutte avec les forces d'*affinité* ou de *cohésion*, nous présente les corps matériels sous les aspects divers de corps plus ou moins *solides*, *liquides* et gazeux.

18. Les forces électro-magnétiques qui se révèlent à nous par le mouvement qu'elles impriment à des corps plus ou moins lourds, et par les combinaisons et

décompositions chimiques qu'elles effectuent. Elles agissent tantôt comme forces attractives, tantôt comme forces répulsives.

19. Les forces *musculaires* des animaux : bien qu'elles reçoivent leur nom des *muscles*, ces forces n'ont pas leur siége d'action dans les fibres musculaires qui ne sont que des *récepteurs*, des organes de transmission, puisqu'il est possible de remplacer, dans les cadavres, cette force inconnue par un courant galvanique transmis par le système neryeux. Le siége et la nature des *forces animales* dites *musculaires*, ne sont pas déterminés.

20. Les forces que l'homme est parvenu à utiliser comme *forces motrices* dans les travaux industriels, agricoles ou d'économie domestiques, sont, par rang d'importance : 1° la *chaleur ;* 2° les *forces musculaires ;* 3° les *forces électro-magnétiques ;* 4° les *attractions moléculaires ;* et, enfin, 5° la *pesanteur.*

21. *La chaleur* est utilisée, comme force motrice, dans les *machines à vapeur*, où le charbon brûlé dégage de la chaleur qui, échauffe l'eau et la réduit en vapeur dont l'élasticité, en agissant sur un piston, produit le mouvement désiré ; c'est encore la chaleur qui agit comme principe moteur dans les machines où l'air échauffé met en mouvement un piston. Ces deux genres d'appareils moteurs sont souvent appelés *pompes à feu,* dénomination qui indique bien que le principe d'action est le *calorique* développé par la combustion. La vapeur n'est qu'un intermédiaire. La chaleur *fournie* puis *retirée*, ou le *refroidissement* produisant la *contraction* a été employée pour rapprocher des murs,

pour serrer les cercles des roues contre leurs jantes en bois, etc. L'inflammation de la poudre dans les *armes à feu*, dans les *trous de mines*, est encore une manière d'agir de la chaleur pour produire le mouvement. Enfin, la chaleur joue un rôle dans les mouvements des liquides nutritifs, dans l'intérieur des animaux et des végétaux.

22. L'emploi des *forces musculaires* de l'homme et de quelques animaux domestiques, est si généralement connu, qu'il n'exige pas d'explication. Nous avons dit, (n° 19) que le siège et la nature des forces musculaires étaient inconnus : on peut ajouter, seulement, que les forces musculaires sont très-variables, non-seulement dans les diverses races, mais encore dans les animaux de même espèce. Ce ne sont pas les plus petits animaux qui possèdent, relativement à leur masse, le moins de force ; le contraire est plutôt, la vérité. La force musculaire varie dans la même espèce d'animaux suivant l'âge et le sexe, et dans le même animal, suivant le mode d'alimentation, suivant les dispositions de sa volonté ou suivant ses passions.

Mais, bien que les muscles ne soient en réalité que des récepteurs du principe moteur, leur composition, le nombre de leurs fibres et leur poids, par rapport au reste du corps, peut avoir une grande influence sur la force motrice transmise, et lorsqu'il s'agit d'animaux de même espèce, la force qu'ils peuvent exercer est proportionnée au développement des muscles et jusqu'à un certain point, à la masse totale de l'individu, supposé en bonne santé.

23. *Les courants galvaniques, les aimants* commen-

cent à être employés comme moteurs, et leur usage pourra peut-être, dans un avenir prochain, rivaliser avec celui des *machines à feu.*

24. *Les attractions moléculaires* ne sont employées qu'indirectement comme forces motrices, sous la forme de ressorts : ce sont des corps droits ou contournés qui, dérangés par une force motrice quelconque, de leur position primitive, *tendent* à y revenir par l'action des molécules dérangées, par le contournement, de leurs positions naturelles de repos.

25. *La pesanteur* est utilisée : 1° sous la forme naturelle, c'est-à-dire gratuite et directe d'une *masse d'eau descendant par l'action de la gravité* et mettant en mouvement un appareil quelconque : moulin à blé, pompe, etc. ; 2° sous la forme naturelle d'un courant d'air tombant par son poids ou se précipitant dans un espace raréfié et faisant tourner les ailes d'un *moulin à vent* ou poussant les *voiles d'un navire* ; 3° d'une manière indirecte, c'est-à-dire par l'intermédiaire d'une *masse pesante* d'abord élevée par *une autre force motrice*, et qui en *descendant par l'action de la gravité*, peut mettre en mouvement un appareil quelconque, une horloge, un tourne-broche, un balancier-moteur, etc.

26. Si l'on cherche rigoureusement la cause première du mouvement de l'eau des courants, on reconnaît que c'est la pluie formée par l'eau de condensation provenant des vapeurs de l'eau de l'Océan qui forme les ruisseaux et les rivières. Or, la vaporisation de l'eau de la mer est un effet de la chaleur des rayons solaires. Donc, la première cause du mouvement des eaux courantes utilisées *comme moteurs*, c'est la *cha-*

leur, qui élève sous forme de vapeur, d'énormes masses d'eau qui retombent ensuite, coulent sur les pentes et agissent, par leur pesanteur, comme *forces motrices*. Les moteurs à eau ont donc, en réalité, pour premier principe d'action, *la chaleur*.

27. De même, les mouvements de l'air sont dus aux différences de température des divers lieux du globe, aux raréfactions locales produites par la condensation de vapeurs, etc. Donc, la cause des mouvements de l'air employé *comme moteur*, étant en réalité, la *chaleur*, ce qu'on appelle vulgairement *moteurs à vent*, ne sont que des moteurs indirects dont le principe d'action le plus apparent est la *pesanteur de l'air*, mais ce dernier est d'abord mis en mouvement par la *chaleur*.

28. Nous pourrions de même rechercher si, dans l'organisme animal, le *carbone* (charbon pur) *brûlé* sous forme d'aliments, n'est pas l'agent moteur, c'est-à-dire si la force motrice, dont les muscles sont les récepteurs, n'est pas, en réalité, *la chaleur*.

29. Les courants galvaniques, les aimants, n'ont-ils pas aussi des rapports intimes avec la *chaleur* et la *nature des corps* (attractions moléculaires) mis en contact ou en présence, etc., etc.

30. En résumé, il y a tout lieu de croire qu'il n'y a que deux forces, *la chaleur* et *l'attraction*, et que les autres forces qui nous paraissent des causes toutes particulières, ne sont cependant que des manières diverses de se révéler à nous, de ces deux causes premières, *chaleur* et *attraction*.

31. Il nous a semblé nécessaire d'insister sur ces distinctions, non-seulement au point de vue d'une

exactitude rigoureuse , mais encore pour faire comprendre l'importance de la force motrice par excellence, — *la chaleur*,—en opposition à *l'attraction*, force résistante.

Que le soleil s'éteigne, et la chaleur, qui, par sa réaction contre les attractions, a fait notre monde ce qu'il est aujourd'hui, cessant de tenir les molécules à distance, tous les courants d'eau cessent de couler, les vents cessent de souffler, l'air atmosphérique, dont la chaleur ne retient plus à distance les molécules, tombe sur nous, et tout notre globe, avec ses animaux, se condense par l'effet des attractions, en une poignée de matière.

32. Quelques-unes des forces précédentes peuvent agir aussi comme forces résistantes : ainsi, dans tous les phénomènes de mouvement (1) qui ont lieu à la surface, ou dans l'intérieur du globe, la *pesanteur* agit toujours comme *force résistante*, si elle n'agit pas comme force motrice *indirecte*.

De même, les *attractions moléculaires* agissent comme forces résistantes dans la plupart des phénomènes naturels et dans le mouvement des machines.

33. Si l'action d'une force est supposée réduite à sa plus simple expression, nous l'appellerons — *Impulsion*, — autrement dit, si une force agit pendant un temps plus petit que toute durée imaginable (n° 16, liv. I), nous dirons qu'elle *donne une impulsion*. L'*impulsion* est donc l'*élément d'action*.

(1) Le mot phénomène entraîne, du reste, l'idée de mouvement Peut-on citer un phénomène où ne se remarque un mouvement?

AXIOMES.

34. AXIOME I. — INERTIE. — *Un corps matériel quelconque ne peut modifier en rien, de lui-même, l'état de mouvement ou de repos dans lequel il se trouve :* Ainsi, un corps ne peut de lui-même se *mouvoir*, s'il est en repos ; il ne peut non plus *s'arrêter*, s'il est en mouvement ; il ne peut enfin ni *augmenter*, ni *diminuer* la vitesse qu'il possède.

35. Cet axiome, désigné par les physiciens sous le nom de propriété d'*inertie* des corps matériels, est tout simplement, croyons-nous, l'expression d'une idée tout à fait primitive de distinction entre la matière et le principe du mouvement. On a opposé le principe — INERTIE — (matière) au principe — ACTIVITÉ — (cause du mouvement.) Cet axiome est pour nous du même genre que celui de géométrie : — *la ligne droite est le plus court chemin d'un point à un autre :* — ce n'est pas parce qu'elle est *droite*, qu'elle est le plus court chemin ; c'est que l'on a appelé *droit* ce qui est le plus court chemin, limite *minima* de l'*idée chemin à parcourir* entre deux points. De même, nous disons qu'un *corps matériel en mouvement doit suivre une ligne directe indéfiniment, et en conservant la même vitesse, si une* FORCE *ne vient modifier ce mouvement*, parce que nous exprimons par le mot FORCE toute cause de modification du mouvement de la matière.

36. Les conséquences absolues de l'inertie sont les suivantes :

Un corps, une fois mis en mouvement par une im-

pulsion (voir le n° 33) conservera ce mouvement rectiligne pendant toute l'éternité, suivant la même droite, si
une cause étrangère, *une force*, ne vient modifier ce
mouvement. — Si un corps matériel est en repos, il y
restera éternellement si *une force* ne vient le faire
mouvoir. — La vitesse du mouvement possédé par un
corps matériel, toujours en vertu de ce principe ou
axiome, ne peut ni *augmenter* ni *diminuer* sans qu'une
force vienne produire ces modifications.

37. Ce principe ne demande pas de démonstration,
mais bien des explications.

Les preuves matérielles de l'inertie sont impossibles :
nous sommes constamment sous des influences que
notre pensée seule peut supposer annulées ; l'inertie ne
peut donc être pour nous que ce que l'on appelle une
idée abstraite ou idée-limite, idée-absolue ; mais on peut
favoriser la naissance de cette idée par des exemples,
en procédant par analogie. Ainsi, lorsque je fais rouler,
de toute ma force, un cylindre sur une surface plane
en terre battue, j'observe que, contrairement aux conséquences du principe d'inertie, le mobile s'arrête après
avoir parcouru une cinquantaine de mètres (supposition) ; mais, si je lance, encore de toute ma force, le
même cylindre sur une surface plane en bois raboté, je
puis constater que ce mobile ne s'arrête qu'après avoir
roulé sur un longueur de 100 mètres : cela fait naître
en moi l'idée d'une résistance qui existait dans le premier cas et ne se présente plus dans le second, la puissance motrice étant restée la même. Si je lance encore,
avec une égale énergie, le même cylindre sur une surface eu verre parfaitement poli, je pourrai observer une

course encore plus prolongée, 400 mètres, par exemple.
— Il y avait donc, dans le second cas, une résistance
qui n'existe plus dans la troisième. On pourrait conti-
nuer ainsi, en supposant des surfaces de moins en moins
résistantes, et l'on conclurait que le principe d'inertie
est d'autant plus près de se vérifier que la surface d'ap-
pui est plus polie ; par la pensée, on peut supposer une
surface offrant moins de résistance que celle du verre
poli, et même supposer que le corps est lancé dans un
espace libre, dans le vide absolu, alors l'idée de l'inertie
prend naissance ; on comprend qu'un corps matériel,
une fois mis en mouvement dans de telles conditions,
conserverait sa vitesse sans aucune diminution de grandeur ni changement de direction pendant toute l'é-
ternité.

38. L'inertie, au point de vue de l'incapacité des
corps à se mouvoir d'eux-mêmes, est évidente. On observe journellement, en effet, qu'aucun corps ne se met
en mouvement sans qu'une cause étrangère à ce corps
n'agisse visiblement sur lui.

39. Malgré l'assujettissement continuel des corps sur
notre globe, on peut souvent reconnaître l'existence
des conséquences du principe d'inertie : ainsi, le cava-
lier, entraîné avec rapidité, conserve sa vitesse l'instant
après celui où son cheval s'est dérobé sous lui et se
trouve lancé en avant en droite ligne, puis la résistance de l'air et la pesanteur modifient cet effet de
l'inertie, et l'homme tombe à terre en avant de son
cheval (fig. 1).

L'homme qui saute d'une voiture par derrière n'a
pas plutôt touché la terre du pied, que le reste de son

corps conservant, en vertu de l'inertie, la vitesse du véhicule, il tombe la face contre terre.

40. Ces faits ne sont qu'une légère trace des effets de l'inertie, mais suffisent, en raisonnant par analogie, pour rendre compte de ce que signifie ce mot — INERTIE — opposé à — ACTIVITÉ. — L'inertie n'est donc pas une *propriété* des corps matériels, dans le sens vulgaire du mot *propriété;* c'est l'*incapacité* de la matière, à l'état où nous l'observons, de modifier, en quoi que ce soit, son état de mouvement ou de repos.

41. Cette opposition entre le principe *activité* et le principe *inertie* n'est pas absolue. — Les systèmes matériels qui nous environnent sont dans un état particulier de — PASSIVITÉ relative — où le principe de l'inertie leur est applicable ; — mais il ne s'en suit pas que la *matière* elle-même doive être considérée comme dénuée de toute propriété *active* : bien loin de là, toutes les parties de la matière agissent les unes sur les autres, suivant la loi générale d'attraction reconnue par Newton.

42. Le mot inertie ne signifie pas non plus — *résistance* — aux forces qui agissent sur les corps matériels, puisque la moindre force peut mettre en mouvement un corps quelconque — absolument libre.

43. L'inertie n'est pas une *force*, car elle ne produit ni ne modifie le mouvement; l'expression vulgaire — *force d'inertie,* — est donc incorrecte et fait naître dans l'esprit une idée fausse.

44. AXIOME II. — *Une force produit toujours tout son effet,* — dans quelque état de mouvement que soit le corps sur lequel elle agit. C'est-à-dire que si une force

d'une intensité donnée agit sur un corps en repos et produit un effet représenté par W, cette même force produirait le même effet quand bien même le corps serait déjà en mouvement. — Si donc une force, après avoir produit un effet sur un mobile, agit de nouveau, le second effet s'ajoute au premier et ainsi de suite. Si, placé sur un bateau en mouvement, vous poussez de toute votre force un poids, — vous lui ferez faire le même chemin que si le bateau était au repos. — Si après avoir donné, à un corps libre, une vitesse V, vous continuez à agir sur lui, sa vitesse augmentera, etc., etc.

45. C'est un corollaire de l'axiome précédent; car le mobile matériel ne peut en rien modifier son état de mouvement, et l'effet d'une force ne pouvant être ainsi perdu, les impulsions successives ajoutent leurs effets, — et les impulsions ont la même valeur sur le corps en mouvement que sur le corps en repos.

46. AXIOME III. — Lorsque plusieurs forces agissent simultanément sur un même corps, leurs effets co-existent indépendamment l'un de l'autre; c'est-à-dire que si une force tire à droite et l'autre à gauche, le corps obéit à ces deux actions, comme si l'une et l'autre existaient seules. — Aucune portion de l'action n'est perdue, — et le corps doit aller, en même temps, à droite et à gauche avec les mêmes vitesses qui auraient été imprimées si chacune des forces eût agi seule.

47. Nous allons étudier les effets des forces; car, comme nous venons de le remarquer, on ne peut étudier les forces dont la nature est inconnue. — Mais le langage ordinaire et scientifique a admis, pour simplifier, l'expression — FORCE — et on compare les forces en-

tre elles, on les étudie comme si réellement on les con-
naissait. Le cas le plus simple que nous puissions étudier
est celui de forces appliquées à un seul point matériel,
élément des mobiles (livre ɪ, nº 20 page 9).

TITRE PREMIER

Des forces appliquées à un point matériel.

SECTION PREMIÈRE. — DU MOUVEMENT D'UN POINT MATÉ-
RIEL EU ÉGARD AUX FORCES QUI LE SOLLICITENT.

CHAPITRE PREMIER

Du mouvement qui résulte de l'action d'une force unique
sur un point matériel.

§ Iᵉʳ. *De l'effet d'une force en général.*

48. L'effet produit par une force sur un point matériel, ne peut être apprécié qu'à deux points de vue
bien distincts : 1º suivant l'*accroissement de vitesse*
imprimé par cette force, et 2º suivant la *quantité de
matière* mise en mouvement, c'est-à-dire que l'on ne
peut comparer deux forces (choses inconnues) que par
les *accroissements de vitesse* que chacune de ces forces
peut donner à *une même masse* déterminée, ou d'après
les *distinctes quantités de matières* auxquelles ces forces
peuvent donner *la même accélération de vitesse :* cela
revient à dire simplement que ne pouvant juger les

forces que par leurs effets, nous nommons *force double*, par exemple, celle qui meut ou peut mouvoir avec une *rapidité double* la *même masse* que meut la force simple; *force triple*, celle qui peut donner la *même rapidité* à une masse *trois fois plus grande* que celle mue par la force simple. — Le mot vulgaire — rapidité — est employé ici volontairement au lieu des mots scientifiques — *vitesse ou variations de vitesse,* — pour que le lecteur ne puisse confondre les effets des forces dans divers cas. — Une explication plus complète et plus précise de ce qui précède sera donnée dans les numéros suivants.

49. Lorsqu'une force agit sur un point matériel entièrement libre, pendant un laps de temps plus court que toute durée imaginable, on dit qu'elle donne une *impulsion.* — L'effet d'une impulsion est de donner au point matériel une *augmentation de vitesse* dont la grandeur dépend, comme nous l'avons fait entrevoir ci-dessus, de la *quantité de matière* renfermée dans le point matériel et de la *grandeur de la force.* On juge donc les forces d'après la grandeur de leurs effets à ces deux points de vue. — Nous exprimons cette idée d'une manière abréviative par les propositions suivantes que nous ne chercherons pas à démontrer : ce sont des axiomes ou plutôt des définitions, des conventions.

50. 1. — *Deux forces distinctes agissant sur des masses égales sont entre elles (intensités) comme les variations élémentaires de vitesse qu'elles impriment à ces masses.* — Ou bien, en désignant par F et F' les intensités des deux forces, par w, w', les variations de vitesse

qu'elles peuvent imprimer, *par une impulsion*, à deux quantités égales de matière, M, on a :

$$F : F' :: w : w', \text{ ou...} \quad \frac{F}{w} = \frac{F'}{w'}$$

51. Corollaire. Si l'une des deux forces considérées, est la *gravité* ou poids P, ou l'attraction du globe terrestre tout entier sur la *quantité de matière* M, mise en mouvement, on aura, en désignant par g (*gravité*) la variation de vitesse due à l'attraction terrestre dans le lieu où les deux forces, F et P. agissent : .

$$F : P :: w : g, \text{ ou bien } \frac{F}{w} = \frac{P}{g}$$

d'ou l'on tire

$$F = \frac{P \times w}{g}$$

en général et, comme pour la latitude de Paris,

$$g = 9^m 81, \text{ on a ici } F = 0,102 \times P \times w.$$

52. Cette action du globe terrestre sur une portion de matière, s'appelle le poids (P) de cette matière.

53. Le rapport d'une force quelconque F à la variation de vitesse w qu'elle imprime ou tend à imprimer à une certaine portion de matière est, pour ainsi dire, la mesure même de la *quantité de matière* sur laquelle agit la force : aussi ce rapport

$$\frac{F}{w} \text{ ou } \frac{P}{g} \text{ est appelé } masse$$

et nous représenterons toujours dans la suite par M, la masse d'un poids P.

54. II. *Deux forces sont entre elles comme les* masses *auxquelles* elles donnent ou peuvent donner la même accélération de vitesse. En désignant toujours les forces

par F et F', et par M et M', les masses auxquelles ces forces donnent la même accélération de vitesse, w, la proposition II peut s'écrire ainsi :

$$F : F' :: M : M' \text{ ou}\dots \frac{F}{M} = \frac{F'}{M'}$$

55. Corollaire. Si les forces F et F' sont les *poids* des masses M et M', on a aussi :

$$P : P' :: M : M';$$

c'est-à-dire que *les poids de deux masses, dans le même lieu, sont entre eux comme ces masses.*

56. Nous disons — *les poids dans le même lieu* — car il y a lieu de supposer que la force d'attraction du globe augmente d'intensité lorsqu'on se rapproche et diminue lorsqu'on s'éloigne du centre de la terre.

57. Comme la quantité de matière M ou la *masse* reste évidemment la même, à quelque distance qu'elle soit du centre de la terre, il en résulte que le rapport $\frac{P}{g}$ ou la masse M reste la même en tous les lieux du globe, à toutes les hauteurs au-dessus de la surface, et à toutes les profondeurs au-dessous ; donc, si l'on appelle P et P' les poids d'une même masse au pôle et à l'équateur, et g, g' les variations de vitesse dues à l'attraction terrestre en ces lieux, on doit avoir :

$$\frac{P}{g} = \frac{P'}{g'} = M \text{ ou } P : P' :: g : g'$$

c'est-à-dire que le *poids d'un corps varie comme l'intensité de la pesanteur lorsque ce corps est posé en divers lieux du globe ou à diverses hauteurs :* comme nous le verrons plus loin, l'expérience vérifie ce principe.

58. III. *Si la même force F, agit successivement sur*

deux masses différentes, M et M', elle donne à ces masses des accélérations de vitesse, w et w', dont les grandeurs sont en raison inverse de celles des masses, c'est-à-dire que l'on a :

$$M : M' :: w' : w \text{ ou } M \times w = M' \times w'.$$

Cette proposition est la conséquence de la deuxième. En effet, soit P et P', les poids des massses M et M', on a, d'après le n° 51

$$(1) \ F = \frac{P \times w}{g} \text{ et } (2) \ F = \frac{P' \times w'}{g}$$

or, d'après la remarque faite n° 53, on a :

$$\frac{P}{g} = M \text{ et } \frac{P'}{g'} = M'$$

donc, en remplaçant dans les équations (1) et (2),

$$\frac{P}{g}, \text{ par } M, \text{ et } \frac{P'}{g'}, \text{ par } M', \text{ on aura :}$$

$$F = M \times w \text{ et } F = M' \times w'$$

Comme deux quantités (M w et M' w') égales à une roisième (F) sont égales entre elles, on a :

$$M \times w = M' \times w' \text{ ou } M : M' :: w' : w.$$

59. IV. *Enfin, si deux forces, F et F', agissent sur deux masses différentes M et M', ces forces sont entre elles comme les produits des masses M et M' par les variations* w, w', *imprimées à ces masses.*

Cette proposition est la conséquence ou, mieux, la réunion des deux premières. En effet,

Soit la force F agissant sur la masse M et lui donnant une accélération de vitesse w ; — soit une autre force F' donnant à une autre masse M' une accélération de vitesse w'.

Soit une troisième force idéale, F' telle qu'elle puisse donner à la masse M' une accélération w, on aura trois forces comparables entre elles d'après les deux premières propositions.

Ainsi, en comparant la force F à la force F', on voit qu'elles donnent à deux masses M et M' une même accélération w; donc, ces forces sont dans le cas de celles de la proposition II et l'on a, par conséquent (n° 54),

$$(3) \quad F : F' :: M : M'$$

en comparant la force F' à la force F', on voit qu'elles agissent sur une même masse M', elles sont donc dans le cas de la proposition I, et l'on a :

$$(4) \quad F'' : F' :: w : w'.$$

En multipliant, terme à terme, les proportions (3) et (4), les quatre produits seront en proportion :

$$F \times F'' : F' \times F' :: M \times w : M' \times w'$$

ou, en retranchant le facteur F' commun aux deux termes du premier rapport,

$$F : F' :: M \times w : M' \times w'$$

ce qu'il fallait démontrer.

60. Ces effets sont ceux produits par une seule impulsion. — Le mouvement communiqué au point matériel est rectiligne et, en vertu de l'inertie, il conserve sa vitesse et sa direction indéfiniment.

61. Les forces, dans leur action, peuvent agir sur un point au repos, ou sur un point déjà en mouvement, dans la direction de ce mouvement ou dans une direction différente, dans le même sens ou dans un sens contraire. Elles peuvent agir pendant un seul instant (impulsion) ou pendant une durée limitée; elles peuvent conserver leurs intensités ou varier de grandeur; elles peuvent, enfin, agir constamment dans la même direction ou en varier à chaque instant.

Nous allons examiner les effets produits dans chacune de ces suppositions, en admettant que les mobiles sont indépendants de toute autre action que celle que nous considérerons, c'est-à-dire que nous supposons des points matériels absolument libres.

§ II. — *De l'effet d'une force agissant pendant un instant ou ne donnant qu'une impulsion.*

62. Lorsqu'un point matériel est au repos et qu'une force vient lui donner une impulsion, — il acquiert, pendant la durée inappréciable de cette impulsion, une vitesse qui dépend de sa masse et de l'intensité de la force; cette vitesse, une fois acquise, se conserve en vertu de l'inertie. — L'effet produit par une force agissant par une seule impulsion sur un corps au repos est donc de lui donner — *un mouvement uniforme d'une vitesse proportionnée à l'intensité de la force et en rapport inverse de la masse du point mobilisé.*

63. Si le point, sur lequel une force vient donner une impulsion dans le sens et la direction M A, a déjà un mouvement uniforme, suivant la flèche et la droite B (fig. 2), le point M, en vertu de l'axiome II, est soumis à deux mouvements uniformes simultanés que l'on peut composer en un seul, par la règle du parallélogramme (liv. 1, n° 130), et le point prend après l'impulsion un mouvement *dont la direction est M R, et dont la vitesse est celle résultant des deux vitesses, primitive, M R, et d'impulsion,* M A.

64. Dans le cas particulier où l'impulsion se ferait

suivant la même direction que celle du mouvement déjà possédé, — la *vitesse d'impulsion s'ajouterait à la vitesse primitive ou s'en retrancherait suivant que l'impulsion serait dans le même sens que la vitesse du point mobile, ou dans un sens contraire.*

Les figures 3 et 4 indiquent cette composition :

1° *Même sens* : M V vitesse initiale; M A vitesse résultant de l'impulsion; M R vitesse après l'impulsion, somme des deux précédentes. (V A' a été prise égale à M A.)

2° SENS CONTRAIRE. M V vitesse initiale. M R vitesse résultant de l'impulsion en sens contraire; M B vitesse après l'impulsion ou résultante des deux premières égale à leur différence. (B' B a été prise égale à M R.)

65. Si ce mobile a déjà un mouvement varié, uniformément accéléré, par exemple, — la composition de la vitesse imprimée avec celle actuelle se fait suivant le même principe (fig. 6). La vitesse impulsive horizontale étant supposée égale à 7; les espaces parcourus sont donc 1×7, 2×7 : 3×7, après une, deux et trois secondes; tandis que la pesanteur fait décrire des espaces verticaux 1, 4, 9. Le point se meut suivant la flèche courbe obtenue en faisant après chaque seconde le parallélogramme des mouvements simultanés 1×7 et 1; 2×7 et 4, etc.

66. Toutes les fois qu'une force n'agit que pendant un instant, ou ne donne qu'une impulsion, sa grandeur est proportionnelle au produit de la masse du point par la vitesse qui résulte de l'impulsion. — Deux forces F et F' sont entre elles comme $M \times w$: $M' \times w'$. — On peut par suite prendre pour représenter les forces, les

produits **M w**, que l'on désigne sous le nom de *quantités de mouvement élémentaires du mobile*.

67. Cette comparaison n'est vraie qu'autant que les impulsions sont d'une durée égale, — bien que plus petites que toute durée imaginable.

§ III. — *De l'effet d'une force constante agissant constamment pendant une durée finie.*

68. *Lorsque, sur un point matériel au repos, une force constante agit sans cesse pendant une certaine durée, elle lui donne un mouvement rectiligne uniformément accéléré.*

L'action continue d'une force constante peut être assimilée à une suite d'impulsions égales données sans aucun intervalle : or, d'après le n° **31**, la première impulsion aura pour effet de donner au point matériel une certaine vitesse w (fig· 6) qui, en vertu de l'inertie, se conserverait indéfiniment si une seconde impulsion de la même force ne venait augmenter cette vitesse d'une quantité égale ; une troisième impulsion augmente encore d'autant la vitesse acquise, et ainsi de suite : de sorte qu'après chaque impulsion, la vitesse s'augmente d'une même quantité. Les durées infiniment petites de ces impulsions peuvent être supposées égales et représentées sur l'axe des temps O T par des longueurs appréciables égales entre elles : la vitesse est W au bout de la 1re impulsion, 2W à la fin de la 2e, 3 W après la 3e, et ainsi de suite ; mais cette augmentation de vitesse n'a pas lieu subitement, ou dans une *durée nulle*, mais bien continuellement, c'est-à-dire que si l'on pouvait supposer deux époques dans l'intervalle compris entre la première et la seconde impulsion, les augmentations obtenues à ces intervalles seraient proportionnelles aux temps écoulés, comme la vitesse après la 3ᵉ impulsion est 3W; — celle après la 4ᵉ, 4W, et ainsi de suite. Cela revient à dire que l'augmentation de vitesse au lieu de se faire par saccades (fig. 6) à chaque fin d'impulsion, se fait sans discontinuité, comme l'indique la fig. 7 : donc, enfin, la vitesse croît d'une manière continue et proportionnellement aux temps, et d'autant plus vite que la force est plus grande pour une même masse ou que la masse est plus petite pour une même force. — Or, on sait (nᵒˢ 86 à 88, livr. I), que lorsque, dans un mouvement, les vitesses croissent proportionnellement au temps, ce mouvement est uniformément accéléré, et que les *espaces* croissent comme les carrés des temps employés à les parcourir.

Donc — si une force agit constamment pendant une durée finie, elle donne, à un point matériel, d'abord en repos, — un mouvement uniformément accéléré : la vitesse acquise au bout d'une seconde est — *la variation de vitesse due à la force*; — c'est l'accroissement de vitesse produit par la force après chaque seconde d'action.

69. Lorque la force constante agit sur un point matériel déjà en mouvement, il peut se présenter deux cas principaux : 1° la force agit dans la direction même de la vitesse possédée par le point, soit dans le même sens, soit en sens contraire; — 2° la force agit dans une direction oblique par rapport à celle de la vitesse primitive.

70. Lorsque la force agit dans le même sens et suivant la direction même de la vitesse primitive, le mouvement produit est uniformément accéléré, comme si le point partait du repos (n° 68), c'est-à-dire que si le point matériel a déjà une vitesse V°, cette vitesse se conserve en vertu de l'inertie et il s'y ajoute sans discontinuité à chaque seconde une accélération w dont la grandeur dépend de l'intensité de la force agissante et de la masse du point. — La figure 8 résume la loi des vitesses de ce mouvement : vitesse finale, $V = V° + t \times w$ ou comme $t = 3$ secondes dans la figure ; $V = V° + 3 \times w$.

71. Lorsque la force agit dans la direction de la vitesse déjà possédée, mais en sens contraire, cette vitesse reçoit, à chaque impulsion de la force, une diminution égale à W par seconde, et par suite le mouvement est uniformément retardé, comme l'indique la fig. 9 : la vitesse finale $V = V° - (t \times w)$ ou comme $t = 3$ secondes dans la figure, $V = V° - 3 \times w$. — Et, dans ce cas, quelle que soit la vitesse primitive V°, il arrivera un moment où ces diminutions continuelles auront annulé la vitesse primitive, et le corps sera au repos. Ici encore le mouvement est uniformément varié à partir de l'instant où la force commence à agir.

72. Lorsque la force motrice agit obliquement par rapport à la direction de la vitesse possédée par le point matériel, celui-ci prend un mouvement curviligne résultant de la composition *d'un mouvement uniforme* MV, dont la vitesse est la vitesse primitive qui se conserve en vertu de l'inertie, et *d'un mouvement uniformément accéléré* M, P, produit par l'action continue de la force motrice. Cette courbe est une parabole dont la forme, toutes choses égales d'ailleurs, dépend de l'obliquité relative de la vitesse primitive et de la direction de la force mouvante. Le mouvement sur cette trajectoire courbe est uniformément accéléré et sa variation de vitesse est le troisième côté d'un triangle dont les deux premiers sont — *la vitesse primitive* pour une seconde, et *la vitesse acquise* par l'effet de la force motrice dans une seconde, — c'est-à-dire que cette variation de vitesse résultante dépend de l'obliquité d'action de la force, toutes choses égales d'ailleurs (fig. 10).

73. Il est toujours facile, connaissant la masse M du point matériel, la vitesse primitive V^o, — l'intensité F de la force, en kilogrammes, et les directions et les sens des mouvements, de déterminer la trajectoire parcourue et les variations de vitesse, les vitesses et les espaces propres au mouvement ayant lieu sur la trajectoire. — Nous donnons ci-dessous trois exemples.

74. Déterminer la vitesse acquise par un point matériel du poids de 10 kilogrammes sur lequel agit constamment, et dans la même direction, une force de 2 kilogrammes pendant une durée de 3600 secondes. g ($9^m 81$), étant l'accélération due à la pesanteur dans le lieu de l'expérience (Paris), l'accélération w due à la force — 2 *kilog.* — sera donnée par la proportion :

$$10^k : g :: 2^k : w;$$

d'où l'on tire :

$$w = \frac{2 \times g}{10} \text{ ou } w = \frac{2 \times 9^m 81}{10} = 1^m 962.$$

La vitesse W acquise au bout de 3600 secondes (t) lorsque l'accélération est de $1^m 962$, est donnée par la formule (n° 87, livr. I) $V = w \times t$ ou $V, = 1^m 962 \times 3600 = 7063^m 200$ ou 7 kilomètres environ par seconde.

75. Remarquons qu'en vertu du principe de l'inertie, quelque lourd que soit un point matériel, une force aussi petite que l'on voudra, mais de grandeur appréciable, donnera à ce point une certaine accélération de vitesse, et par suite lui fera acquérir la vitesse désirée au bout d'un certain temps. — En effet, puisque la vitesse croît, comme la figure 11 l'indique, il arrivera toujours un moment où la vitessse sera aussi grande qu'on puisse le désirer, bien que la force motrice soit très-petite et que le point à mouvoir soit très-lourd; c'est-à-dire que : quelque petite que soit une *force motrice*, elle peut, en *agissant continuellement*, donner à une masse quelconque une vitesse déterminée, au bout d'un temps suffisamment prolongé, — ou (fig. 12) quelque petite que soit une *force résistante*, agissant sur une grande masse possédant une vitesse considérable, il arrivera un moment où la succession des très-petites diminutions de vitesse causée par la force résistante aura annulé la vitesse primitive.

Ainsi, une masse de 20,000 kilogrammes (égale à celle d'une locomotive), qui recevrait l'action continue d'un homme (80 kilog.), acquerrait, après 4 minutes 16 secondes, une vitesse de 10 mètres. — Cette conséquence ne paraît pas se réaliser en pratique, parce que tous les corps étant soumis à des *assujétissements* divers, avant de commencer à les mouvoir, il faut vaincre ces résistances d'assujettissement qui nécessitent souvent une première force énorme.

76. Si la force agit d'une façon continue, pendant

un temps *t*, sur un point déjà en mouvement, dans une direction oblique à celle de la force , — le mouvement résulte, à partir de la première impulsion, — du *mouvement uniforme* , *à vitesse primitive* se conservant en vertu de l'inertie et *d'un mouvement uniformément accéléré*. — On détermine la résultante, comme l'indique la fig. 13. et le mouvement résultant sur cette trajectoire est encore un mouvement uniformément accéléré dont la variation de vitesse est facile à déterminer

V^o vitesse primitive; 1, 4, 9, 16, espaces parcourus en vertu des vitesses acquises par l'effet de la force constante; V^o, $2\,V^o$, $3\,V^o$, espaces parcourus en vertu de la vitesse primitive, après 1, 2 ou 3 secondes.

§ IV. — *Force variable d'intensité, mais de direction constante et de sens invariable.*

77. Lorsqu'une force varie d'intensité à chaque instant, on peut la considérer comme une suite de forces d'intensités différentes agissant successivement sur un même point que nous supposerons d'abord en repos. Dans ce cas, ce point matériel reçoit, à chaque instant, une impulsion différente, et la vitesse croît plus ou moins d'une manière quelconque dépendant uniquement de la loi de variation d'intensité de la force. — La loi des vitesses est représentée par une courbe s'élevant constamment (fig. 14). Le mouvement est rectiligne et accéléré.

78. Si le point, sur lequel agit la force variable d'intensité, possède déjà une certaine vitesse, à partir de l'action, la vitesse va constamment en croissant sui-

vant une loi quelconque (fig. 15). — Le mouvement rectiligne, uniforme d'abord, devient accéléré, la vitesse croissant, si la force agit dans le sens de la vitesse primitive (fig. 15), ou retardé, si au contraire la force agit dans un sens opposé (Fig. 16.)

79. Si cette force variable d'intensité agit sur un point en mouvement uniforme et dans une direction oblique à la vitesse de ce mouvement, — il en résulte un mouvement dont la trajectoire est la résultante du mouvement uniforme primitif et du mouvement varié imprimé (figure 17). Ce mouvement est curviligne et à vitesse variable.

§ V. — *Force variable en direction seulement.*

80. Lorsqu'une force, tout en conservant son intensité et son sens, varie à chaque instant de direction, elle donne au point sur lequel elle agit *un mouvement curviligne et uniformément accéléré.*—En effet, on peut considérer cette force comme une suite de forces égales, mais ayant chacune une direction différente de celle qui précède, la variation de direction ayant lieu suivant une certaine loi.

Ainsi, supposons qu'à chaque impulsion la direction change d'un dixième de degré par rapport à la précédente (fig. 18), la variation de vitesse sur la première direction A serait w qui se continuerait indéfiniment sur cette droite ; la force changeant de direction, elle donne, sur la deuxième direction A, une accélération w, puisqu'elle a toujours la même intensité, et cette accélération w s'ajoute à la valeur de w de la première direction A, projetée sur la seconde B ; — de même, l'ac-

célération *w* donnée sur la troisième direction C s'a-
joute à la projection de la somme des impulsions précédentes suivant B sur C, — c'est-à-dire que les variations de vitesse s'ajouteraient encore, mais en perdant,
à chaque changement brusque de direction, un peu de
leur grandeur. — Le mouvement curviligne serait donc
accéléré, mais non uniformément, les vitesses ne croissant pas tout à fait aussi vite que les temps; — mais la
perte due au changement de direction est d'autant plus
faible que deux directions voisines diffèrent moins;
donc, en supposant que les changements de direction
se fassent d'une manière continue, ils se font d'une manière insensible, c'est-à-dire que la différence entre
deux directions successives est plus petite que tout
angle appréciable; donc, la perte due au changement
continu de direction est plus petite que toute quantité
imaginable, et le mouvement résultant est *uniformément accéléré sur une trajectoire courbe continue.*

La figure 19 indique l'effet d'une force variable de
direction seulement sur un point d'abord au repos.

81. La figure 20 indique l'effet d'une force de même
genre sur un point déjà en mouvement, soit dans le
même sens, soit en sens contraire, dans la même direction ou dans une direction oblique, — la composition des mouvements pourra toujours se faire, et le
mouvement sera toujours curviligne et uniformément
varié.

§ VI. — *Force variable d'intensité, de direction et de
sens.*

82. S'il arrive qu'à des instants plus ou moins éloi-

gnés, le sens de la force change, le mouvement pourra être progressif, puis rétrograde, et, suivant que la force variera d'intensité et de direction, curviligne et varié : c'est-à-dire qu'outre des mouvements *continus*, nous aurons à considérer des mouvements *alternatifs*.

CHAPITRE II.

Du mouvement résultant des actions simultanées de deux ou plusieurs forces sur un point matériel.

§ I. — *De la position du problème et des divers cas qu'il présente.*

83. Nous venons d'examiner les diverses circonstances de l'action d'une seule force sur un point matériel. — En vertu de l'inertie (axiome III, n° 46), les effets des forces *co-existent* indépendamment l'un de l'autre; — par conséquent, lorsqu'un point est soumis à plusieurs forces, — il possède, en vertu de l'action de ces forces, plusieurs mouvements simultanés. — Or, si l'on connaît les forces agissantes, on a dû déterminer leur direction, leur intensité, leur sens d'action et l'effet que chacune d'elles — seule — produirait sur le point matériel, d'après les proportionnalités des n°s 50 à 59; — donc, puisqu'il y a diverses manières de désigner l'action des forces, il y a aussi plusieurs manières de résoudre le problème suivant :

Étant donné les forces qui agissent sur un point matériel, trouver le mouvement qu'elles donnent à ce point.

84. Ce mouvement est désigné sous le nom de mou-

vement *résultant*, dont les mouvements particuliers, dus à chacune des forces, sont les *composants*. — Les forces agissantes sont les *forces composantes*, et celle qui pourrait produire le mouvement résultant est dite *ré-sultante*.

85. 1° Les forces peuvent être données par les accélérations qu'elles produiraient chacune sur le point considéré : dans ce cas, la quantité à déterminer sera *l'accélération en grandeur et direction du mouvement résultant;* 2° Si les forces sont données par les vitesses imprimées au bout d'un même laps de temps connu, on aura à déterminer la *vitesse,* au bout de la même durée, du *mouvement résultant;* 3° On peut connaître les forces par les mouvements qu'elles impriment, et chercher le *mouvement résultant.* — Ce dernier cas comprend les deux premiers; 4° Enfin les forces peuvent être données d'une manière quelconque et les recherches porter sur une des trois quantités : *variation de vitesse, vitesse ou espace propres au mouvement résultant.* — C'est ce cas général que nous allons étudier.

86. La résolution du problème que nous venons de poser s'appelle vulgairement *composition des forces.* Cette expression indique que l'on cherche une force équivalente à deux ou plusieurs autres, en supposant que le mouvement résultant une fois connu, on détermine la force qui peut le produire. On s'inquiète peu ordinairement des distinctions que nous étudions ici, et c'est une des causes, — croyons-nous, — des idées fausses qui subsistent dans l'esprit d'un grand nombre de personnes ayant étudié la mécanique plus ou moins superficiellement. Nous répétons qu'il n'y a pas de démonstra-

tions compliquées dans la mécanique, mais qu'il existe un enchaînement de vérités simples, — naïves mêmes, — et que cela précisément en fait parfois la difficulté, mais seulement pour les esprits inattentifs ou peu logiques.

87. Nous ne *composerons* donc pas les forces, comme on le dit ordinairement, mais bien les effets de deux ou plusieurs forces données; puis, connaissant le mouvement résultant, nous déterminerons plus tard quelle serait la force qui pourrait produire ce *mouvement résultant*, et cette force nous l'appellerons *résultante*, les forces agissant réellement étant les forces *composantes*.

§ II. — *Composition des mouvements produits par des forces données agissant sur un point matériel.*

88. Le cas le plus simple que nous puissions examiner est celui où deux forces seulement agissent sur le point pendant un temps t : Soit M (fig. 21) le point matériel, MA la direction d'une première force F, et MB la direction de la seconde F', qui donnent chacune une suite d'impulsions au point M. — D'après le n° 31, — si chacune des forces agissait seule, elle ferait acquérir au point M une vitesse dépendant de la masse de M et de l'intensité de chacune des forces. — Pour fixer les idées, soit 50 k. le poids du point M; la première force égale à 10 kil. et la seconde à 15 (n° 50, livr. II), on aura :

$$F : F' :: W : W',$$

ou

$$10\,k. : 15k. :: W : W';$$

d'autre part, d'après le nº 51, on a :

$$F : P :: W : g, \ldots F' : P :: W' : g,$$

ou

$$10 \,\mathrm{k}. : 50 \,\mathrm{k}. :: W : 9^m 81, \ldots 15 \,\mathrm{k}. : 50 \,\mathrm{k}. :: W' : 9^m 81.$$

De ces deux proportions, on tire :

$$W = \frac{10 \;\mathrm{kil.} \times 9^m 81}{50 \;\mathrm{kil.}} = 1^m 962,$$

$$W = \frac{15 \;\mathrm{kil.} \times 9^m 81}{50 \;\mathrm{kil.}} = 2^m 943.$$

Par conséquent, si l'on porte sur MA et MB ces valeurs $1^m 962$ et $2^m 943$, à l'échelle d'un centimètre pour mètre, on aura les deux accélérations de mouvement produites par les forces F et F', après une *seconde* d'action.

Les vitesses vont croître comme les temps et les espaces, comme le carré des temps, sur les directions MA et MB ; c'est-à-dire que nous aurons, pour les vitesses, la fig. 23, et, pour les espaces, la fig. 22, après trois secondes.

Si l'on compose les deux mouvements uniformément accélérés de la figure 23 d'après la règle et les observations du nº 149 (livr. Ier), il est visible que les trois positions résultantes M', M' et M″ après les première, deuxième et troisième secondes sont sur une même droite avec M, car on a :

$$Mx : My :: MR : MS, \text{ ou } :: M'x : M''y,$$

et MM″ est la diagonale d'un parallélogramme, etc.

89. Par conséquent, lorsque deux forces agissent

simultanément pendant un temps *fini et connu* sur un point matériel, elles lui donnent un *mouvement rectiligne uniformément accéléré*, dont la direction est celle* de la diagonale du parallélogramme construit avec deux espaces simultanés quelconques comme côtés.

90. L'espace MM', parcouru en une seconde, est la diagonale du parallélogramme construit avec les deux demi-accélérations comme côtés ; on pourrait donc considérer MM' comme la demi-accélération d'une force résultante agissant suivant la direction résultante et produisant le mouvement résultant MM' MM' MM, car MM' = 4 fois MM', de même que MY = 4 fois MX, etc. — On peut donc composer les accélérations suivant la règle du parallélogramme des mouvements. (N° 131, livr. Ier.)

91. Si l'on détermine la vitesse du mouvement résultant qui est uniformément accéléré, on s'assure facilement que la vitesse résultante, à un instant donné, est représentée par la diagonale d'un parallélogramme construit avec les deux vitesses v et v' comme côtés (fig. 22).

92. Si donc on cherche la résultante des effets simultanés de deux forces, ne donnant qu'une impulsion au point M, il suffira de composer les deux vitesses produites par les deux forces, suivant la règle du parallélogramme des mouvements ; — de même, pour la composition des accélérations qui représentent les vitesses acquises dans une seconde.

93. Ordinairement on ne fait pas les distinctions précédentes, et l'on dit : Pour composer deux forces en une seule, on fait un parallélogramme avec ces deux forces prises à une certaine échelle, et la diagonale

représente, à la même échelle, la grandeur de la force composante qui pourrait remplacer les deux autres, comme nous l'indiquons plus loin.

94. Dans le cas particulier où les deux forces agissent suivant la même direction, dans le même sens ou en sens contraire, les espaces, les vitesses ou les variations de vitesses s'ajoutent ou se retranchent, et les sommes ou les différences donnent les espaces, vitesses ou variations de vitesse du mouvement résultant.

95. Lorsque trois forces agissent sur un point matériel, leurs effets se composent par la règle du parallépipède des mouvements. (n° 133, livr. Iᵉʳ.)

96. Enfin, lorsqu'un nombre quelconque de forces agissent sur un point matériel, leurs effets de même espèce (vitesses, espaces) se composent par la règle du polygone des mouvements. (n° 132, livr. Iᵉʳ.)

97. Les observations sur le triangle des vitesses, les grandeurs et les projections des mouvements, faites dans le Iᵉʳ livre *de la Mécanique*, sont applicables, sans le moindre changement, aux forces composantes et à leur résultante.

CHAPITRE III.

De l'équivalence des forces.

§ I. — *Des deux points de vue auxquels on peut considérer l'équivalence des forces.*

98. L'équivalence des forces n'est autre chose que l'équivalence des mouvements que ces forces produisent ou produiraient. — Ainsi, dans le dernier § (n°ˢ 88 à

97), nous avons fait voir comment, connaissant deux ou plusieurs forces, on pouvait déterminer le *mouvement résultant de l'action de ces forces*. Il s'agit actuellement de rechercher la force qui produirait ce mouvement résultant et, cette force, nous l'appellerons *résultante ;* et nous pourrons dire qu'elle équivaut aux deux forces composantes, parce que son effet, son mouvement, est la résultante ou l'équivalent des effets simultanés des forces composantes.

Ce problème de *composition des forces* revient donc à la composition des mouvements des forces, et nous venons de l'étudier.

99. De même, connaissant une force, et par suite le mouvement qu'elle produit, on peut avoir à chercher deux ou plusieurs forces qui puissent remplacer cette force unique, c'est-à-dire deux ou trois forces équivalant à une seule. — Ce problème inverse du précédent s'appelle *décomposition des forces*, et revient aussi à la décomposition d'un mouvement ; mais nous devons en dire quelques mots avant d'entreprendre de déterminer les forces qui agissent sur un point dont le mouvement est connu.

100. Dans le problème général qui va nous occuper — *rechercher les forces qui agissent sur un point matériel, connaissant le mouvement de ce point* — on ne peut que chercher d'abord la force unique qui produit le mouvement, et le problème, à ce point de vue, est toujours déterminé. — Mais on peut désirer, en outre, remplacer cette force unique par deux ou plusieurs, agissant suivant des directions connues. Cette seconde partie du problème général revient à la décomposition

d'un mouvement, et n'est déterminé que lorsqu'on veut décomposer un mouvement en deux autres situés dans un même plan, ou en trois autres non situés dans un même plan. Nous devons donc nous occuper de la décomposition d'une force.

§ 2. — *Décomposition d'une force.*

101. Le problème se pose ordinairement ainsi : — Connaissant une force R (fig. 24) appliquée à un point matériel M, déterminer l'intensité de deux forces qui, agissant suivant les directions MP et MQ, pourraient remplacer la force MR.

Si MR représente, à une certaine échelle, l'intensité d'une force, cette longueur peut aussi représenter, à d'autres échelles, soit la variation de vitesse que produirait la force R sur le point M par seconde, soit la vitesse que la force R ferait acquérir au même point, soit l'espace qui serait parcouru en vertu de la force R dans un temps donné ; alors, connaissant un espace, une vitesse ou une variation de vitesse MR, dus à une force R, il faut déterminer les espaces, vitesses ou variations de vitesse — suivant MP et MQ — qui équivaudraient à l'espace résultant MR : ceci nous ramène à la décomposition des mouvements (liv. Ier, n°s 134 à 140). Nous ne ferons que résumer ici les propositions principales, en renvoyant, pour les détails, à la première livraison.

102. Soit R (fig. 24) une force appliquée au point matériel M, on peut déterminer la variation de vitesse W produite par cette force sur le point M (N° 58, liv. 2)

$$W = \frac{\text{Force R}}{\text{Masse M}};$$

et représenter cette variation, qui est proportionnelle à l'intensité de la force R, par la longueur Mw—; puis décomposer cette variation de vitesse en deux autres Mw' et Mw" — dirigées suivant les droites données MP et MQ. Or, chacune de ces variations de vitesse w', w" peut être considérée comme produite sur le point M par des forces P et Q, telles que l'on ait :

$$\frac{P}{w'} = M \text{ et } \frac{Q}{w''} = M \text{ d'où } P : w' :: Q : w''.$$

Si donc les variations de vitesse *composantes*, suivant MP et MQ, sont déterminées par la construction d'un parallélogramme dont Mw est la diagonale, et dont les côtés Mw', Mw" sont dirigés suivant MP et MQ, — de même les forces composantes P et Q seront déterminées par la construction d'un parallélogramme dont MR sera la diagonale et dont les côtés seront parallèles à MP et à MQ. La règle du parallélogramme des mouvements s'applique donc à la décomposition des forces, sans autre changement que de mettre, dans les nᵒˢ 134-140 de la première livraison, le mot *force* au lieu des mots *vitesse* ou *mouvement*.

103. Donc, pour décomposer une force MR (fig. 24) en deux autres, dirigées suivant les droites MP et MQ, il suffit donc de mener, de l'extrémité R, deux droites RP et QR parallèles aux directions des composantes, et leurs rencontres, en P et en Q, limitent la grandeur des composantes MP, MQ à la même échelle que la résultante

MR. On dit alors que la force **MR** a été décomposée en deux autres, **MP** et **MQ**, qui, ensemble, équivalent à la première, — parce qu'elles produiraient deux mouvements qui, composés ensemble, donneraient un mouvement absolument identique à celui produit par la force **MR** seule. Il n'est pas besoin de faire remarquer que les deux directions **MP** et **MQ** doivent être dans un même plan avec la droite **MR**.

104. La décomposition d'une force en deux autres, de directions données, peut se faire plus simplement encore par la règle du triangle des forces, — semblable à celle du triangle des mouvements et des vitesses. Soit, en effet (fig. **24**), à décomposer MR en deux forces dirigées suivant MP et MQ, il suffit de mener, du point R, une force indéfinie MP parallèle à MQ : on forme ainsi un triangle MRP dont les deux côtés MP et RP représentent les composantes, et le troisième — la résultante MR.

105. Le problème de la décomposition d'une force en deux autres peut être donné de diverses autres manières ; ainsi :

1° Étant donnée une force MR (fig. **25**), décomposer cette force en deux autres *dont l'une agisse suivant la droite MP et dont l'intensité de la seconde soit connue* et représentée par la longueur Q, à la même échelle que MR : par le point R, je mène une parallèle à MP, et, du point R, comme centre, avec un rayon égal à Q, je décris un arc de cercle qui peut rencontrer la droite MP en deux points, P et P', ce qui donne deux solutions du problème, ou être tangent à cette droite (c'est-à-dire rencontrer la droite RQ en deux points tellement voisins que les deux solutions n'en font qu'une), ou enfin ne pas rencontrer la droite; dans ce dernier cas, le problème ne peut être résolu avec les conditions données.

106. 2° Étant donnée une force MR (fig. 26), décomposer cette force en deux autres dont les intensités soient connues et représentées par les longueurs P et Q à la même échelle que MR : du point M, comme centre, avec un rayon égal à P, je décris un arc de cercle, et du point R, avec un rayon égal à Q, je décris un arc qui vient couper le premier au point P; — les directions MP et MQ sont celles des forces composantes.

107. On peut donner une des composantes MP en direction et en intensité : la troisième se trouve en joignant simplement R à P (fig. 26).

108. On voit, en résumé, que la décomposition d'une force en deux autres revient à la construction, à une certaine échelle, d'un triangle, connaissant :

1° Un côté MR et les deux angles adjacents ou directions MP et MQ (n°s 103 et 104);

2° Deux côtés MR et MQ et l'angle RMP (direction MP) opposé à l'un d'eux, MQ (n° 105);

3° Les trois côtés MR, P et Q (n° 106);

4° Deux côtés et l'angle compris (n° 107).

109. Il s'ensuit qu'à *priori* l'on peut reconnaître si le problème peut être résolu; ainsi, dans le second cas, il faut que le côté Q soit égal ou plus grand que la perpendiculaire menée du point R sur MP (fig. 25), et dans le troisième, il faut que MR soit plus petite que la somme P + Q et plus grand que la différence P — Q.

110. Le problème de la décomposition d'une force

MR en trois ou plus de trois, dont les directions seraient dans un même plan que MR, est indéterminé, c'est-à-dire qu'il y a une infinité de solutions.

111. On peut décomposer une force MR en trois autres, dont les directions ne soient pas dans un même plan, par la règle du parallélipipède des forces, — identique—à celle du parallélipipède des vitesses. (Liv. Ier, n° 139.)

§ 3. *— Relations de grandeur entre les forces composantes et leur résultante.*

112. Tout ce qui a été dit dans le livre Ier, du n° 141 au n° 146 inclusivement, s'applique sans aucun changement aux relations de grandeur entre les forces composantes et leur résultante.

113. Ainsi, le carré de la résultante de deux forces perpendiculaires l'une sur l'autre est égal à la somme des carrés des composantes, etc., etc. (n°s 141, 142 et 143 du livre Ier.)

114. L'action d'une force MR pourfaire marcher un point M (fig. 27) suivant MX, est la même que celle de la projection MP de cette force MR sur le chemin parcouru. (N° 144, liv. Ier)

115. La somme des projections MP' + RQ' (fig. 28) des composantes sur la direction de leur résultante MR est égale à cette résultante elle-même : — car RP' = MQ' et par suite MR = MP' + RQ'. La projection de la résultante MR (fig. 29) sur une droite quelconque OX, est égale à la somme algébrique des projections des composantes sur la même droite. (N° 146, liv. Ier.)

116. Toutes ces compositions et décompositions des

forces se font, comme on le voit, d'une manière analogue à celles des mouvements. Mais si l'on s'en tient à ces théorèmes généraux on se trouve souvent arrêté dans les applications, et l'on s'expose à commettre des erreurs graves sur la signification de ces transformations. Nous croyons donc devoir attirer l'attention sur le problème général qui va suivre, malgré l'apparence de répétition qu'il présente à première vue.

SECTION II. — DES FORCES QUI AGISSENT SUR UN POINT MATÉRIEL EU ÉGARD AU MOUVEMENT QU'IL POSSÈDE.

CHAPITRE PREMIER.

De la détermination de la résultante des forces inconnues qui agissent sur un point matériel dont le mouvement est connu.

§ 1. — *Position du problème.*

117. Le problème que nous avons à résoudre actuellement est la réciproque du précédent (Section Ire, n° 82) : c'est-à-dire que — *connaissant le mouvement possédé par un point matériel, il s'agit de déterminer les forces qui agissent sur ce point.* Il y a autant de cas que de mouvements imaginables : mais nous n'examinerons que les mouvements élémentaires les plus simples, qui sont d'ailleurs les seuls que nous présentent les phénomènes naturels et les machines, à quelques exceptions près.

118. Remarquons tout d'abord que, quel que soit le nombre des forces agissant sur un point matériel, on peut, d'après les n°s 88 à 97, *composer* leurs effets et imaginer une force appelée RÉSULTANTE qui, en agissant seule sur le point matériel, produirait le mouvement réel; c'est cette résultante qu'il s'agit d'abord de déterminer, connaissant seulement le mouvement possédé par le point. Ensuite, connaissant cette force, on peut la supposer remplacée par deux ou plusieurs forces dont elle serait la résultante.

§ 2. — *Détermination de la résultante des forces qui agissent sur un point matériel en mouvement rectiligne uniforme.*

119. Le cas le plus simple à examiner est celui d'un point en mouvement rectiligne uniforme. — Dans ce cas, *aucune force n'agit sur le point mobile, ou les forces qui agissent ont une résultante nulle.*

Dans la première hypothèse, *la vitesse possédée par le point mobile est due à une impulsion passée*, et cette vitesse se conserve, en vertu de l'inertie, sans aucune variation;

Dans la seconde supposition, *les forces se détruisent*, c'est-à-dire que leur résultante est nulle. On dit alors que les forces sont en équilibre et que le point est en *équilibre dynamique.*

Il ne peut en être autrement, car, si les forces agissant sur le point matériel en mouvement uniforme avaient une résultante de grandeur appréciable, cette force aurait pour effet d'augmenter ou de diminuer, à chaque instant, la vitesse suivant le sens d'action de cette force résultante (nos 68 à 70) ou de faire varier la direction, et par conséquent le mouvement ne pourrait rester ni uniforme, ni rectiligne, ce qui est contre la proposition posée tout d'abord que le mouvement est uniforme et rectiligne.

120. Le mouvement rectiligne uniforme est donc l'état d'*équilibre dynamique* : — quelque grande que soit la vitesse de ce mouvement, les forces qui agissent sur lui se détruisent, ou bien nulle force n'agit. — Cette condition, résultante nulle, existe aussi quelque petite que soit la vitesse : enfin, si l'on suppose une vitesse aussi près d'être nulle que l'on veut l'imaginer, la même condition subsiste et cette limite inférieure de l'équilibre s'appelle *équilibre statique*.

§ 3. — *Détermination de la résultante des forces qui agissent sur un point en mouvement rectiligne varié.*

121. Toutes les fois que le mouvement d'un point matériel est rectiligne et que sa vitesse croît à chaque instant, c'est qu'une force, unique ou résultante de plusieurs, agit sur ce point suivant la direction du mouvement et dans le même sens que la vitesse primitive (N° 75), et l'intensité de cette force est en raison directe de la masse du point mu, et de la grandeur de la variation de vitesse imprimée à cette masse. (nᵒˢ 54 à 57.)

122. — Ainsi, par exemple, si le point matériel en mouvement accéléré pèse 6 kilogrammes, et que l'accélération de vitesse par seconde soit égale à un demi-mètre (0ᵐ 5), la force résultante inconnue R qui produit cette accélération se détermine par la proportion (n° 53).

Résultante : accélération : : Poids : accélération due à la pesanteur

$$\text{ou} \ldots \ldots R : W :: P : g$$

$$\text{ou} \ldots \ldots R : 0^m5 :: 6^k : 9^m 81$$

$$\text{d'où l'on tire } R = \frac{(0^m5 \times 6^k)}{9^m 81} = 0^k 3$$

Cette force R s'appelle force motrice ou accélératrice.

123. Lorsque le mouvement d'un point matériel est rectiligne et uniformément retardé, c'est qu'une force, unique ou résultante de plusieurs, agit sur ce point dans la direction de sa vitesse primitive et en sens contraire. L'intensité de cette force, appelée *résultante, est aussi en raison directe de la masse et de la variation de vitesse*, et se détermine par la même proportion (n° 53) : c'est-à-dire qu'en appelant — w, la diminution de vitesse produite, à chaque seconde, par la force résistante R, on a

$$R : w :: P : g,$$

$$\text{d'où } R = \frac{P \times W}{g}$$

124. Si le mouvement du point rectiligne est varié d'une manière quelconque, c'est que la force, unique ou résultante de plusieurs, qui agit sur le point matériel est d'intensité variable, et *les variations de l'intensité suivent les mêmes lois que les variations de vitesse*, c'est-à-dire que si la variation de vitesse est **1**, puis **2**, puis **3**, — l'intensité de la force est successivement proportionnelle à **1, 2** et **3** : en effet, si l'on considère le mouvement varié pendant une durée infiniment petite, la variation de vitesse peut être supposée constante, et la force motrice est donnée par la proportion

$$R : w :: P : g$$

Dans l'instant suivant, la variation de vitesse est différente; mais comme le poids et l'intensité de la pesanteur restent constants, l'on a :

$$R' : w' :: P : g$$

et ainsi de suite : donc $R : R' : R'' :$ etc. $:: w : w' : w'' :$ etc. Car toutes ces proportions ont un rapport commun $(P : g)$.

§ 4. — *Détermination de la résultante des forces qui agissent sur un point en mouvement curviligne uniforme.*

125. Le mouvement curviligne le plus simple à examiner est le mouvement circulaire uniforme. Soit donc un point matériel animé d'un mouvement uniforme sur la circonférence de cercle ABC (fig. 30) : sa vitesse étant quelconque et provenant d'une action passée dont nous n'avons pas à nous occuper. Supposons ce point matériel arrivé en A : il est visible — 1° — *qu'une force* (unique ou résultante de plusieurs) *agit sur lui;* car sans cela, en vertu du principe de l'inertie, il continuerait son mouvement suivant la tangente AT (figure 30) , prolongement du dernier élément linéaire A parcouru.

126. 2° *La direction de cette force est située dans le cercle du plan décrit;* car si la direction de cette force était oblique au plan, on pourrait la supposer décomposée en deux (n° 99) : l'une située toute entière dans le plan, et l'autre normale au plan ; or, cette dernière aurait évidemment pour effet de faire sortir du plan le point matériel, soit d'un côté, soit de l'autre, ce qui

est contre l'hypothèse que le mouvement du point matériel libre a lieu sur la circonférence.

127. 3° *Cette force est dirigée suivant le rayon.* En effet, supposons qu'elle soit oblique ; elle peut alors être décomposée en deux (fig. 31), l'une suivant le rayon AO et l'autre perpendiculairement au rayon, c'est-à-dire suivant la tangente AT, La composante centrale AO a pour seul effet de ramener sur la circonférence le point qui tend, en vertu de l'inertie, à s'en éloigner ou à suivre la tangente, c'est-à-dire que cette force *centrale* produit l'inflexion et ne peut produire d'autre effet ; mais la force *tangentielle* AT étant dirigée à chaque instant suivant la tangente, c'est-à-dire suivant les éléments de la courbe, aurait pour effet d'augmenter, à chaque instant, la vitesse sur la circonférence ; donc le mouvement circulaire ne pourrait rester uniforme comme cela est supposé : la seule force agissante est donc dirigée suivant le rayon.

128. 4° *Cette force agit de la circonférence vers le centre.* Car, en effet, il faut qu'elle ramène, à chaque instant, sur la circonférence le point qui tend, en vertu de l'inertie, à suivre la tangente ; c'est pour désigner d'un mot la direction et le sens de cette force qu'on l'appelle *centripète ;* elle change à chaque instant de direction absolue (fig 32).

129. 5° *L'intensité de la force centripète dans le mouvement circulaire uniforme, est constante.* Car, dans des temps égaux très-petits, les espaces parcourus sur la circonférence étant égaux, la distance dont le point doit être ramené, dans chacun de ces temps, est constante, c'est-à-dire que la courbure étant toujours la

même, la force qui cause l'inflexion par rapport aux tangentes est toujours la même (fig. 32), puisqu'elle doit faire parcourir au même point des espaces égaux dans des temps égaux.

130. 6° *L'intensité de la force centripète est, toutes choses égales d'ailleurs, en raison directe de la masse ou du poids du point matériel.* Car pour ramener, dans le même temps, d'une même quantité vers le centre un point matériel de masse double, par exemple, il faut une force double; c'est-à-dire, enfin, que si deux points de masses différentes M, M' sont en mouvement circulaire sur des cercles égaux et ont des vitesses égales, les forces centripètes C et C' sont en raison directe des masses M, M' ou des poids P, P'.

131. 7° *L'intensité de la force centripète est en raison directe du carré de la vitesse du mouvement circulaire uniforme.* Car, si nous supposons deux points de même masse tournant sur des circonférences de même rayon, les vitesses V, V' étant différentes (V = 2V' par exemple), il est clair que, dans le même temps, la force centripète du premier point devra ramener ce point matériel de la même quantité deux fois plus souvent dans des temps égaux : les chemins à faire parcourir suivant des rayons successifs de cercles égaux sont donc proportionnels aux carrés des vitesses pour un même temps (liv. Ier, n° 177); ou bien l'une des forces centripètes doit ramener un même point de la même quantité dans un temps deux fois plus petit. Or, comme le mouvement central produit par la force centripète d'intensité constante (n° 110), est un mouvement uniformément accéléré, on a, d'une part, un cer-

tain espace à parcourir; d'autre part, le même espace à parcourir dans un temps deux fois plus petit, puisque la vitesse $V = 2\,V'$, donc

$$1^{er}\ cas.\ \text{Espace} = \frac{1}{2} \times w \times t^2\,(\text{vitesse simple}).$$

$$2^e\ cas.\ \text{Espace} = \frac{1}{2}\,w' \times \frac{t^2}{4}\,(\text{vitesse double}).$$

d'où l'on tire

$$\frac{1}{2}\,w \times t^2 = \frac{1}{2}\,w' \times \frac{t^2}{4},$$

ou, enfin, $4\,w = w'$. Or, les *forces* qui meuvent des masses égales sont entre elles comme les variations de vitesse qu'elles leur impriment; — donc si, toutes choses restant égales dans un mouvement circulaire uniforme, la vitesse seule double, — la force centripète quadruple, ou, en général, l'intensité de *la force centripète est en raison directe du carré de la vitesse.*

132. 8° *L'intensité de la force centripète est en raison inverse du rayon du cercle.* Soit (fig. 33-34) deux points de même masse en mouvements uniformes de vitesses égales sur des circonférences de rayons différents; prenons AB et A'B', chemins égaux parcourus dans un temps assez petit pour que les arcs AB et A'B' soient aussi près de se confondre avec leurs cordes qu'on voudra l'imaginer; abaissons, des points B et B', les perpendiculaires BC, B'C'; — AC et A'C' re-

présenteront les composantes centrales des mouvements, c'est-à-dire les chemins parcourus suivant les
rayons en vertu des deux forces centripètes C et C' ; or
on a :

$$AB^2 = AR \times AC \text{ et } A'B'^2 = A'R' \times A'C'$$

et comme AB = A'B' ; il en résulte

$$AR \times AC = A'R' \times A'C' \text{ où}$$

$$(1) \quad AR : A'R' :: A'C' : AC,$$

c'est-à-dire que les espaces que les forces centripètes
doivent faire parcourir dans le même temps, sont en raison inverse des diamètres des circonférences décrites
(liv. Ier, no 177); or, AC et A'C' étant parcourus par l'effet de forces constantes C et C', dans un temps t,
on a :

$$AC = \frac{1}{2} w \times t^2 \text{ et } A'C' = \frac{1}{2} w' t^2,$$

remplaçant, dans la proportion (1) AC et A'C' par ces
valeurs, et AR et A'R' par les diamètres 2r et 2R,
on a :

$$\frac{1}{2} w t^2 : \frac{1}{2} w' t^2 :. 2R : 2r$$

supprimant les facteurs communs, il reste :

$$w : w' :: R : r;$$

mais les forcee qui agissent sur une même masse sont
entre elles comme les variations de vitesses imprimées,
donc on a :

$$C : C' :: w' : w :: R : r,$$

ou les forces centripètes sont en raison inverse des rayons.

133. Nous avons cru devoir séparer les démonstrations des influences de chacune des particularités qui se présentent dans le mouvement circulaire uniforme, dans le but de les faire comprendre plus facilement aux commençants; mais on peut déterminer algébriquement une formule de l'intensité de la force centripète, qui résume les n°s 110, 111 et 112.

En effet, soit A (fig. 33) la position d'un point en mouvement uniforme sur une circonférence; soit AB l'espace parcouru, en vertu de la vitesse constante V, dans un temps assez petit pour que l'arc AB se confonde avec la corde ou en diffère aussi peu qu'il est possible de l'imaginer; si l'on suppose que AB soit décomposé en deux vitesses, l'une tangentielle et l'autre centrale, il suffira d'abaisser la perpendiculaire BC pour avoir le triangle ABC des vitesses, dans lequel AC et BC sont les composantes et AB la résultante. Nous aurons, alors, en joignant le point B (fig. 33 et 34) au point R extrémité du diamètre :

Corde AB, moyenne proportionnelle entre le diamètre entier AR et le segment adjacent AC, ou

$$(1)\ AB^2 = AR \times AC.$$

Or, AB est un espace parcouru dans un très-petit temps, t, en vertu de la vitesse V du mouvement uniforme, donc on a :

$$(2)\ AB = V \times t \text{ ou } AB^2 = V^2 \times t^2\ (2')$$

L'espace AC est parcouru en vertu d'une force centripète constante (n° 109), donc on a :

$$(3)\ AC = \frac{1}{2} \times w \times t^2$$

Enfin, on a (n° 53) :

$$(4)\ C : w :: P : g$$

$$(4')\ \text{d'où } C = \left(\frac{P \times w}{g}\right)$$

Or, si l'on égale (1) à (2'), on a :

$$(5)\ AR \times AC = V^2 \times t^2,$$

$$\text{d'où } (5')\ AC = \left(\frac{V^2\, t^2}{AR}\right)$$

Égalant (3) à (5') on aura :

$$\frac{1}{2}\ w\, t^2 = \left(\frac{V^2\, t^2}{AR}\right)$$

$$\text{ou } \frac{1}{2}\ w = V^2 : AR$$

d'où w = 2V² : AR, ou, comme AR = 2 fois le rayon
du cercle, r :

$$(6)\ w = 2V^2 : 2r \text{ ou } V^2 : r.$$

Enfin, mettant cette valeur de w dans l'équation (4'),
on a :

$$C = \frac{P \times V^2}{g \times r} \text{ ou } C = \frac{M \times V^2}{r},$$

formule donnant la grandeur de l'intensité de la force
centripète dans tous les cas qui peuvent se présenter.

On voit facilement, dans cette formule, que la force
centripète est en raison directe du poids et du carré de

la vitesse, et en raison inverse de l'intensité de la pesanteur et du rayon du cercle, ou mieux :

L'intensité de la force centripète est en raison directe de la masse et du carré de la vitesse et en raison inverse du rayon de courbure.

134. Voici comment l'on doit considérer le mouvement circulaire uniforme :

1° Une vitesse primitive existe, et une force centripète variant à chaque instant de direction, tout en restant constante d'intensité, a pour effet de ramener constamment le point matériel sur le cercle ;

2° Le mouvement curviligne uniforme peut être considéré comme résultant de deux mouvements rectilignes, l'un primitif — uniforme, dû à une impulsion passée, — l'autre, — central, — uniformément accéléré, — produit par une force variant en direction, tout en passant toujours par le centre, et constante en intensité. Ainsi la terre, tournant d'un mouvement uniforme autour du soleil, a dû recevoir primitivement une impulsion de — Dieu — et l'attraction du soleil sur notre globe le retient dans son orbite depuis ce temps.

Ainsi (fig. 35), soit O le centre d'attraction, A la position initiale du point matériel, AT la direction du mouvement uniforme primitif. Dans un petit temps, t, — l'espace parcouru en vertu de l'impulsion sera AT, par exemple, et l'espace parcouru en vertu de l'attraction ou force centripète sera AC ; donc, après le temps t, le point A sera en B. La vitesse possédée suivant AB se conserverait en vertu de l'inertie, si aucune force n'agissait ; mais la force centripète vient agir suivant BO et, dans un second temps très-petit, égal au premier, t, elle fait parcourir au point un espace BC, etc., etc. Or, dans tous ces parallélogrammes, AT est proportionnel au temps, et AC proportionnel au carré du temps; cette condition suffit avec celle d'attraction constante pour que les points ABO soient sur un cercle.

135. Soit, actuellement, un point matériel en mouvement uniforme sur une courbe quelconque ; il est évident qu'on peut ramener ce cas au précédent en supposant la courbe décomposée en une suite d'arcs de cercle de rayons différents (fig. 36), alors on aurait autant d'intensités différentes, pour la force centripète, qu'il y aurait de rayons différents.

136. Ainsi, en appelant V la vitesse du mouvement uniforme, M la masse du point mobile, R R′ R″ les intensités de la force centripète en ces points successifs, on aura (n° 114) :

$$C = (M \times V^2) : R ; \quad C' = (MV^2) : R' ; \quad C'' = (MV^2) : R'', \text{etc.}$$

$$\text{ou } CR = C'R' = C''R'' \text{ ou } C : C' : C'' : R : R' ; R''.$$

Ainsi, si le rayon de courbure, d'abord égal à 10, devient 9, 8, 7, etc., la force centripète d'abord égale

à $\frac{1}{10}$ MV² devient $\frac{1}{9}$ MV², $\frac{1}{8}$ MV², $\frac{1}{7}$ MV² etc., ou bien,

lorsque les rayons diminuent comme les nombres 10, 9, 8, 7, — les forces centripèdes augmentent

comme $\frac{10}{10}, \frac{10}{9}, \frac{10}{8}, \frac{10}{7}$, etc.

137. La figure 37 indique un mouvement curviligne uniforme dans lequel les intensités des forces centripètes

sont comme les nombres 100 — 125 — 156 — 195 —244, etc., car les rayons décroissent comme 100 — 80 — 64 — 51, 2 — 41, etc., — de sorte que les produits des rayons par les forces centripètes sont constamment égaux : $100 \times 100 = 125 \times 80 = 156 \times 64 =$ etc., lorsque le mouvement reste uniforme sur toute la courbe.

§ 5. — *Détermination de la résultante des forces qui agissent sur un point en mouvement curviligne varié.*

138. Toutes les fois que le mouvement curviligne est varié, c'est que le point matériel mobile est soumis à une résultante oblique par rapport à la courbe, c'est-à-dire que cette résultante fait un certain angle avec chacun des rayons de courbure. En effet, il sera possible, à chaque instant, de décomposer cette résultante oblique AR (fig. 38) en deux forces : l'une, centripète, AO, qui produit l'inflexion : l'autre, tangentielle, VT, faisant varier la vitesse : donc, à chaque instant, le point mobile est soumis à une force dirigée suivant l'élément de la courbe décrite, et par suite, d'après ce qui a été dit n° 101, le mouvement est varié sur la trajectoire, supposée formée d'une suite d'éléments linéaires rectilignes.

139. Les variations de la force tangentielle sont proportionnelles aux variations de vitesse, comme cela est démontré dans le n° 104 pour les mouvements rectilignes ; car les mouvements curvilignes ne sont autre chose qu'une suite de mouvements rectilignes de durées infiniment petites. Donc, $T : T' : T'' : : W : W' : W''$.

140. Les variations de la force centripète sont inversement proportionnelles aux rayons de courbure (nº 132), car un mouvement curviligne quelconque peut être assimilé à une suite de mouvements circulaires de durées infiniment petites et de rayons variables; donc
C : C' : C" : : R" : R' : R.

141. Dans le cas particulier où le mouvement *curviligne est uniformément varié*, c'est que la composante tangentielle est constante, comme la variation de vitesse; et cela se présente lorsque la tangente trigonométrique de l'angle d'inclinaison de la résultante, par rapport à la courbe, est toujours proportionnelle au rayon de courbure, c'est-à-dire que si le rayon de courbure croît comme les nombres 10, 9, 8, 7, etc., la tangente trigonométrique décroît comme 10, 9, 8, 7, etc.

142. Dans ce cas, la résultante projetée sur le rayon est toujours inversement proportionnelle au rayon de courbure au point considéré; et sur la courbe, la résultante a une projection constante.

143. Si le mouvement est *circulaire et uniformément varié*, c'est que la résultante est d'intensité constante et fait un angle constant avec la courbe. Suivant la position de l'inclinaison de la résultante par rapport au rayon, le mouvement est uniformément accéléré ou uniformément retardé. Ainsi, par exemple, dans la figure 38, la résultante AR étant inclinée dans le sens même du mouvement sur la circonférence, la composante tangentielle AT est positive et le mouvement circulaire est *uniformément accéléré*. Dans le cas de la figure 39, l'inclinaison de la résultante A'R' est en sens contraire du mouvement sur le cercle, et, par suite, la composante tangentielle A'T' est négative et le mouvement circulaire est *uniformément retardé*.

TITRE SECOND.

Des Forces appliquées aux divers systèmes de points matériels.

DÉFINITIONS.

144. Toutes les parties de la matière sont douées d'un principe actif nommé — *attraction* — en vertu duquel les *corps* et les *atómes* s'attirent les uns les autres.

145. Lorsque ces attractions ont lieu entre des molécules très-rapprochées les unes des autres, on les nomme *attractions moléculaires*.

146. L'attraction qui tend à réunir entre elles les molécules d'un corps se nomme — *cohésion* — si ces molécules sont de même nature; et — *affinité* — si elles sont supposées de nature différente.

147. Si les molécules matérielles n'étaient soumises qu'aux attractions moléculaires (qui agissent probablement en raison inverse du carré des *distances* et en raison directe des *masses* (Newton), il en résulterait que les divers atómes se précipiteraient les uns sur les autres avec une vitesse toujours croissante et finiraient par s'unir entr'eux de manière à se confondre entièrement : la matière ne serait plus alors qu'une masse d'une *compacité absolue*, dont il n'est pas possible de se faire une idée.

148. L'expérience journalière prouve que cette intime réunion, ce contact parfait des molécules ou des atômes ne se réalisent pas : les molécules, malgré leurs attractions réciproques, continuelles, restent à distance les unes des autres : cet écartement des molécules a pour cause des forces intermoléculaires nommées — *forces répulsives.* —

149. Si les forces répulsives agissaient seules, les diverses molécules se disperseraient dans l'espace indéfini : aucun système matériel ne pourrait exister et la matière serait réduite en une espèce de vapeur d'une ténuité absolue et dont il n'est pas possible d'avoir l'idée.

150. Que les forces répulsives soient en dehors de la matière, ce qui ne se comprend guère, ou qu'elles fassent partie de ses propriétés ; que les attractions moléculaires s'exercent suivant la loi posée par Newton (n° 147), ou suivant toute autre loi, il ne résulte pas moins, des principes établis précédemment, que tout corps matériel doit être considéré comme un assemblage de molécules (ou de points matériels) tendant à se réunir en vertu de forces *attractives* et tenues à distances l'une de l'autre par l'action de forces dites *répulsives.*

151. Les divers corps matériels sont donc le résultat de l'antagonisme de deux systèmes de forces moléculaires — attractives et répulsives. — Suivant les phases de la *lutte* entre les attractions moléculaires (cohésion ou affinité) et les forces répulsives (chaleur...) la matière nous apparaît sous des états différents. Quels que soient ces états, chaque molécule est soumise, suivant une direction donnée, a deux forces — l'une est la ré-

sultante des *attractions*, —l'autre est la résultante des forces *répulsives*.

152. Si ces résultantes sont inégales , les molécules se rapprochent ou s'éloignent et, par suite, le corps ou système matériel n'est pas dans un état permanent absolu. Aucun corps n'est à l'état permanent absolu : tous se dilatent ou se contractent suivant les variations de température. Si le corps ne change pas d'état pendant tout la durée de l'observation , on peut le considérer comme étant à un état permanent relatif. Parmi les états permanents relatifs, on en distingue trois, ce sont les états dits : *solide, liquide* et *gazeux*.

153. Un corps est à l'état *solide* lorsque ses molécules ne tendent ni à se rapprocher, ni à s'éloigner, dans le laps de temps considéré et lorsque la séparation des molécules ou leur rapprochement font naître une certaine résistance, toujours au moins égale aux causes employées pour tenter la séparation ou la compression.

154. Un corps est à l'état liquide lorsque ses molécules , tout en n'ayant aucune tendance à s'éloigner l'une de l'autre, n'offrent cependant aucune résistance à leur écartement.

155. Un corps est à l'état gazeux, lorsque ses molécules, tendent à s'éloigner les unes des autres et ne restent à un état permanent d'écartement que par l'action de *forces extérieures*.

156. Un corps est absolument solide si la résistance que présentent les molécules, lorsqu'on cherche à les séparer ou à les rapprocher, est supérieure à toute force finie. La solidité absolue est une abstraction (nº **147**).

157. Un corps est solide, relativement, lorsque la résistance qu'opposent les molécules à l'écartement ou au rapprochement, est plus grande que les forces d'écartement ou de compression dont on dispose.

Les corps dont la solidité relative est très-faible, c'est-à-dire dont les molécules n'opposent qu'une très-faible résistance à l'écartement ou au rapprochement sont dits à l'état pâteux. C'est un état intermédiaire entre l'état solide et le liquide.

158. Un liquide offre toujours une certaine résistance à l'écartement : on exprime ce fait en langage vulgaire en disant que les liquides sont plus ou moins visqueux. Un liquide absolu est une abstraction.

159. Les molécules d'un gaz offrent toujours une certaine résistance lorsqu'on essaie de les rapprocher, et cette résistance croît à mesure que le rapprochement est plus parfait.

160. En résumé : un système est dit *solide* lorsque ses molécules offrent une résistance soit à l'écartement, soit au rapprochement ; un corps est *liquide* lorsqu'il n'offre aucune résistance à l'écartement de ses molécules, mais présente une résistance à la compression ; le système est *gazeux* lorsque ses molécules opposent au rapprochement une résistance de plus en plus grande et ont une tendance à s'écarter l'une de l'autre.

161. Les solides, les liquides et les gaz ont donc une propriété commune, c'est d'opposer une résistance à la compression. Ce qui distingue l'un de l'autre ces trois états de la matière, c'est que : 1° les systèmes solides résistent à l'extension ou écartement des molécules, — que, 2° les liquides n'offrent pas cette résistance, et, 3° que les molécules gazeuses ont une tendance à s'é-

carter : ou , par abréviation : dans un solide il y a une certaine somme d'attraction libre (+) ; dans un liquide il n'y a ni attraction , ni répulsion, libres (o) ; dans un gaz, il y a une certaine somme de répulsion (—).

162. On peut concevoir un corps absolument ou relativement solide, libre dans l'espace indéfini, et étudier les effets des forces extérieures sur ce corps ; mais il n'en est point ainsi d'un liquide absolu ou d'un gaz : ces deux derniers systèmes ne peuvent être considérés que lorsqu'ils sont *contenus* ou *renfermés*, et, par suite, nous devons renvoyer l'étude des effets des forces extérieures sur les liquides et les gaz à la *mécanique matérielle ou expérimentale.*

Les systèmes solides sont donc les seuls qui puissent être considérés dans la *mécanique rationnelle*, à un point de vue utile, du moins.

163. Dans les études qui vont suivre, les mobiles que nous considérerons seront des corps d'une solidité absolue ou relative ; c'est-à-dire des corps de forme *invariable*, ne pouvant être ni *comprimés* ni *allongés* par l'action des forces extérieures agissant sur eux.

AXIOME.

164. *Lorsqu'une force agit visiblement sur un point matériel et que ce point ne prend pas d'accélération de vitesse dans la direction et suivant le sens de cette force motrice (action), c'est qu'il y a une* RÉACTION *égale et directement opposée à l'*ACTION.

165. Cette proposition peut être considérée comme un corollaire de l'axiome — *Inertie* — (n° 34). En ef-

fet, puisque les corps matériels ne peuvent d'eux-mêmes modifier en rien leur état de mouvement, le point matériel sollicité par une force extérieure devrait prendre un mouvement accéléré. Si donc ce mouvement n'a pas lieu, c'est qu'il est modifié, annulé par une autre force. Cette *réaction* doit être dans la direction de l'*action*, car sans cela l'action et la réaction auraient une résultante produisant une accélération de vitesse : la réaction doit être égale et opposée à l'action, car alors la réaction étant nulle, il n'y a pas d'accélération de vitesse possible.

TITRE SECOND *(bis)*.

Des Forces
appliquées à un système solide composé
de points matériels.

SECTION I. — DU MOUVEMENT D'UN SYSTÈME SOLIDE,
DE POINTS MATÉRIELS,
EU ÉGARD AUX FORCES QUI LE SOLLICITENT.

CHAPITRE PREMIER.

De l'effet d'une force sur un système solide.

166. Soit un solide, AB (fig. 40), composé de deux points matériels : lorsqu'une force F agira sur ce solide, elle lui imprimera un mouvement dont la direction, XY, sera la direction même de la force ; car il n'y a aucune raison pour que le solide suive une direction différente ; puisque toute déviation de la direction XY serait due à une force oblique à cette direction et que,

d'après l'hypothèse, la force F agit seule sur le solide AB.

167. Les deux points A et B auront des accélérations de vitesse égales, parallèles et de même sens (n° 157, liv. Ier). Donc, si nous désignons par m et m' les masses des points A et B, et par M la masse totale, nous aurons

$$M = m + m'.$$

Si nous multiplions les deux membres de cette équation par l'accélération, w, que peut imprimer la force F au système solide AB, on aura

$$M \times w = m \times w + m' \times w,$$

c'est-à-dire que la *quantité de mouvement* (Liv. II, n° 45) du solide tout entier est égale à la somme des quantités de mouvements des deux points matériels qui composent ce solide.

168. On peut donc considérer les deux points matériels A et B comme étant soumis à des forces f et f' dont les intensités sont en raison directe des masses m et m'. En effet, le point m recevant une accélération w, comme le point m', et comme la masse totale, M; on a (°n 33, livre II) :

$$f : f' : : m : m',$$

et en ajoutant les *antécédents* aux *conséquents* :

$$f + f' : f' : : m + m' : m',$$

mais $m + m' = M$: donc :

$$(1) \quad f + f' : f' : : M : m'.$$

D'autre part, si l'on compare la force F donnant à la masse M une accélération w, avec la force f' donnant à la masse m' la même accélération w, on aura :

$$(2) \quad F : f' :: M : m'.$$

Dans les proportions (1) et (2) les trois derniers termes sont égaux ; on a donc :

$$F = f + f'.$$

Donc,

Lorsqu'une force F agit sur un corps solide composé de deux points matériels, cette force se partage entre les deux points proportionnellement à leurs masses, et ces deux forces élémentaires sont parallèles à la force totale.

169. Pour plus de simplicité, nous avons d'abord considéré un solide composé seulement de deux points matériels ; mais il est évident que quel que soit le nombre des points matériels composant un corps solide, on a :

$$M = m + m' + m'' + m''' + \text{etc.,}$$

et qu'en multipliant par w, les deux nombres de cette équation, on aura :

$$M \times w = m \times w + m' \times w + m'' \times w + \text{etc.,}$$

c'est-à-dire que :

La quantité de mouvement d'un mobile solide, tout entier, est égale à la somme des quantités de mouvement des divers points matériels composant ce solide.

170. Par conséquent, on prouverait, comme au n° 169, que la force F capable de donner au solide entier une accélération, w, est égale à la somme des forces $f\, f'\, f''\, f'''$, etc., qui donnent l'accélération, w, aux divers points matériels composant le solide ; c'est-à dire, enfin, que

Lorsqu'une force F agit sur un solide composé d'un

nombre quelconque de points matériels, cette force se partage entre tous les points proportionnellement à leurs masses et toutes ces forces élémentaires sont parallèles à la force totale.

171. De sorte que lorsqu'on applique une force F au point A d'un solide (fig. 41), les divers points sont soumis à des forces f, f', f'', etc., proportionnelles aux masses de ces points. Or, d'après l'hypothèse de la solidité absolue ou relative, ces points ne peuvent s'écarter l'un de l'autre, il faut qu'à l'instant, où la force F ou ses composantes. f, f', f'', etc., agissent (actions) pour écarter les molécules l'une de l'autre ; ils naissent des *réactions (attractions)* $- f, - f', - f''$, — etc., égales ou directement opposées aux *actions* (Nº 164) ou forces f, f', f'', etc., de même qu'il naît des réactions (répulsions) égales et directement aux forces f, f', f'', considérées comme tendant à rapprocher les dernières molécules des premières. Chaque point du corps solide est donc soumis à trois forces $f, + f$ et $- f$: la force f est la portion de la force totale F *afférente* au point f et *proportionnelle à la masse de ce point*. La force f est la portion d'attraction agissant sur le point considéré et $+ f$ la quotité de répulsion agissant sur le même point. Cette *attraction* et cette *répulsion* moléculaires naissent au moment où la force intérieure, f, (composante de F), agit en même temps sur le point m pour l'éloigner des premières molécules et pour le rapprocher des premières.

172. Cette égalité constante entre les attractions et les répulsions moléculaires, quelles que soit la grandeur de la force extérieure appliquée à un système matériel, est ce qui constitue la notion de solidité absolue.

Et de ces considérations il résulte que lorsqu'une force extérieure F agit sur un solide, il est inutile de s'occuper des forces intérieures moléculaires, ces forces n'ayant pour effet que de retenir les molécules en repos relatif les unes par rapport aux autres ; le corps solide ne subit aucune déformation.

173. Dans le numéro précédent nous avons supposé que la force F *tire* (fig. 41) ; mais il est évident que tout se passe de même lorsque la force *pousse* (fig. 42).

174. Si la force F n'agit qu'un instant, ou ne donne qu'une impulsion, chacun des points acquiert, dans la durée infiniment petite de l'action de la force qui agit sur lui, une vitesse qui se conserve en vertu de l'inertie, tant qu'une autre force ne vient pas modifier le mouvement. Cette vitesse est en raison directe de l'intensité de la force F et en raison inverse de la masse totale du solide.

175. Lorsque la force F constante agit pendant une durée finie, ou donne une suite continue d'impulsions, les vitesses dues à chaque impulsion s'ajoutent et le mouvement est uniformément accéléré.

176. En résumé, tout se passe comme si le solide n'était composé que d'un seul point dans lequel la masse totale serait concentrée. Tout ce qui a été dit de l'effet d'une force sur un seul point, du N° 31 au N° 62 inclusivement, s'applique donc sans aucun changement au cas d'une force agissant sur un solide composé de deux ou plusieurs points matériels.

CHAPITRE II.

Du mouvement résultant de l'action de deux ou plusieurs forces
agissant sur un système solide.

§ 1. Préliminaires.

177. De la définition même d'un corps solide absolu, il résulte que lorsqu'une force agit sur un point de ce solide tous les autres points sont entraînés avec des vitesses égales suivant la même direction et le même sens que le point d'application ; de sorte que tous les points du solide en mouvement restent constamment, les uns par rapport aux autres, dans les mêmes positions : autrement dit le corps ne se déforme d'aucune façon (n° 152).

Des considérations présentées dans le chapitre précédent, il résulte que lorsqu'une force extérieure F agit sur un solide, elle se partage entre tous les points proportionnellement à leurs masses respectives. Cette proposition nous permettra d'appliquer à un *corps solide* tout ce qui précédemment a été reconnu vrai dans le cas d'un *seul point* (n° 170).

Enfin, les forces intérieures (attractions et répulsions) qui agissent sur une molécule ou un point matériel d'un solide, sont toujours égales et directement opposées, bien qu'elles soient d'autant plus grandes que la force extérieure agissant sur le solide est elle-même plus intense. De sorte qu'il est inutile de s'occuper des forces intermoléculaires dans les mouvements d'un solide (n° 170).

178. Donc, d'après ce résumé (n° 177), si deux forces + F et - F agissent ser un solide (fig. 43) chacune d'elle se partage entre les diverses molécules proportionnellement à leurs masses : les *touts* $+$ F et $-$ F étant égaux, leurs parties $+ f$, $+ f'$ $+ f''$ etc. $- f$, $- f'$ $- f''$ etc. respectivement, proportionnelles aux mêmes quantités m, m', m'', (masses des molécules) sont donc aussi égales deux à deux, il en résulte que chaque point du système solide est soumis à deux forces $+ f$ et $- f$ ou $+ f'$ et $- f'$ etc. égales et directement opposées.

Ces deux forces ont donc une résultante nulle et par suite aucun point matériel du solide ne peut recevoir d'accélération, en aucun sens et dans aucune direction, de l'action des deux forces extérieures $+$ F et $-$ F égales et directement opposées.

On dit dans ce cas que les deux forces $+$ F $-$ F sont en équilibre ou se détruisent.

179. On peut donc ajouter à un solide deux forces $+$ F et $-$ F égales et directement opposées sans rien changer à l'état du mouvement de ce corps.

180. Par la même raison, si plusieurs forces agissent sur un solide matériel et que parmi elles il se trouve deux forces $+$ F $-$ F égales et directement opposées, on peut les retrancher sans rien changer à l'état de mouvement du corps solide.

181. Théorème. Lorsqu'une force $+$ F est appliquée en un point A d'un solide matériel (fig. 44), on peut supposer cette force appliquée en tout autre point O situé sur la dirrection même de cette force, soit que ce point O fasse partie du corps, soit qu'il y soit relié d'une manière absolument solide.

En effet, appliquons au point O deux $+$ forces F et $-$ F égales entre elles et à la force F, mais directement opposées comme l'indiquent les signes + et —. Cette addition des deux forces + F et — F, qui sont en équilibre, ne change rien à l'état de mouvement que peut avoir le solide en vertu de l'action de la force F. (N° 177.)

D'autre part la force F appliquée en A et la force — F appliquée en O sont égales et directement opposées; on peut donc les retrancher sans rien changer à l'état de mouvement du solide (n° 178) : donc la force + F en O donne le même mouvement que la force F égale et de même sens appliquée en A.

§ 2. *Composition de deux ou plusieurs forces appliquées à un corps solide.*

182. Il peut se présenter trois cas : 1° les forces seraient concourantes; 2° parallèles; 3° ni concourantes ni parallèles.

(A) *Forces concourantes.*

183. Soit deux forces F et F' (fig. 45) appliquées aux points A et B d'un corps solide; les directions prolongées de ces forces se rencontrent en un point matériel O faisant partie du solide ou y étant solidement relié.

D'après le théorème du n° 179 on peut supposer que les forces F et F sont transportées au point O commune à leurs directions mêmes; alors ces deux forces étant appliquées à un seul point O peuvent être composées en une seule suivant la règle du parallélogramme des forces (n° 69). La *résultante* obtenue, R, est appliquée au point O; mais on peut (n° 181) la supposer transportée en tout autre point sur sa direction OR, en C par exemple.

184. La composition de deux forces concourantes appliquées à un *solide* est donc ramenée à la composition de deux forces appliquées à un point. On suppose implicitement que toute la *matière* du solide est condensé au point O ; mais cette hypothèse faite pour le besoin de la démonstration ne change rien à l'état de mouvement du corps , d'après les considérations précédentes (n⁰ˢ 166 à 170 inclus.).

185. 1ʳᵉ *Observation.* Supposons que par le poin d'application B de la force **F** (fig. 45) on mène une ligne BM telle que les angles intérieurs OMC et OBC soient égaux : je dis que *la résultante R rencontrera cette ligne d'égale inclinaison, BM, en un point C tel que l'on aura*

$$F \times MC = F' \times CB.$$

C'est-à-dire que la résultante OR divise la ligne d'égale inclinaison en deux parties MC et CB réciproquement proportionnelles aux forces composantes F *et* F'. La démonstration de cette proposition est entièrement géométrique. Comparons le triangle OMC au triangle OFR : Ces deux triangles ayant un angle égal (FOC), leurs surfaces sont entr'elles comme les produits des côtés qui comprennent l'angle égal, c'est-à-dire que l'on a

$$(1) \quad OMC : OFR : : OM \times OC : OF \times OR.$$

En comparant, au même point de vue, les deux triangles ORF' et OCB on a aussi

$$(2) \quad OF'R : OBC : : OF' \times OR : OB \times OC.$$

Les deux triangles OFR et OF'R sont égaux comme moitiés d'un même parallélogramme. Donc si l'on multiplie les deux proportions (1) et (2) membres à membres, en effaçant les termes égaux dans un même rapport, on aura la proportion

$$(3)\ OMC : OBC :: OM \times OF' : OF \times OB,$$

Mais les deux triangles OMC. OBC ayant même hauteur, sont entr'eux comme leurs bases, c'est-à-dire que l'on a

$$(4)\ OMC : OBC :: MC : BC$$

Les proportions (3) et (4) ayant leurs premiers rapports égaux les deux autres forment une proportion et l'on a

$$(5)\ OM \times OF' : OF \times OB :: MC : BC.$$

Les angles OMC et OBC étant égaux par construction, les côtés OM et OB sont aussi égaux : donc la proportion (5) devient après la suppression des facteurs égaux OM et OB dans le premier rapport

$$OF' : OF :: MC : BC$$

ou $OF' \times BC = OF \times MC$, ce qu'il fallait démontrer.

186. Les considérations précédentes s'appliquent au cas où les deux forces F et F' sont de sens opposés. Dans ce cas, le point C d'application de la résultante se trouve extérieurement aux points d'application A et B et du côté de la plus grande force (fig. 46).

187. 2⁰ *observation*. D'après ce que nous avons dit, livre I, n⁰ 146, la somme algébrique des projections des forces F et F' sur leur résultante est égale à cette résultante elle-même. C'est-à-dire que la résultante OR est égale à la somme de OP, projection de la force F sur la résultante R (fig. 45) ajoutée à ON (ou son égale PR) projection de la force F' sur la même droite OR.

188. Lorsque plusieurs forces concourantes F , F',

F″, etc.. agissent sur un solide, on peut les composer en une seule soit en les prenant successivement deux à deux (fig. 47) soit par la règle du polygone des forces (fig. 48). Ce cas est identique à celui d'un seul point matériel soumis à plusieurs forces (n⁰ˢ 74 à 77).

189. Adoptant l'usage général de confondre les effets et les causes du mouvement, nous avons donné (n⁰ˢ 183 à 188) les règles de la composition des *forces concourantes appliquées à un solide :* nous avons implicitement considéré le solide comme réduit au seul point de concours des forces où la matière totale du solide se serait concentrée, et nous sommes ainsi arrivé à donner des règles exactes et simples : mais, comme dans certains cas de composition et de décomposition des forces appliquées aux solides, le lecteur peut être amené à faire de fausses applications des règles ainsi obtenues *en faisant abstraction de la répartition des forces entre les diverses molécules du solide,* nous croyons devoir, un instant, revenir sur nos pas et faire la *composition des mouvements* donnés à un solide par les forces qui lui sont appliquées et agissent simultanément. C'est-à-dire que, — renvoyant le lecteur aux observations des n⁰ˢ 86 et 87 et au théorème du n⁰ 170, — nous allons nous occuper, non plus à composer les forces qui nous sont, en réalité, inconnues, mais bien à composer les mouvements produits par les forces mouvantes appliquées à un solide, en tenant compte de la manière dont les effets de chaque force se répartissent entre les divers points du solide, c'est-à-dire, sans hypothèse et, par suite, d'une façon positive.

190. Soient donc (fig. 49) deux forces de directions

concourantes, P et Q, appliquées à un solide. Si la force P agissait seule (n° 170), elle se répartirait entre les divers points m, m', m'', etc... proportionnellement à leurs masses; et ces forces élémentaïres, toutes parallèles à la force totale P, donneraient la même variation de vitesse à tous les points; c'est-à-dire que le solide entier prendrait un mouvement de translation rectiligne; chaque point décrirait une droite parallèle à OP. De même si la force Q agissait seule, elle donnerait au solide un mouvement de translation suivant OQ. Or, d'après l'axiome III (n° 46, livr. 2), ces deux forces, agissant simultanément, leurs effets *coexistent;* et, par suite, chaque point m, du solide, est soumis à deux forces p et q, qui sont chacune une même fraction de P et Q. En effet, d'après le n° 170, on a

(1) $p : P :: m :$ Masse totale, et (2) $q : Q :: m : M$.

Donc, à cause du rapport commun, on a

(3) $p : P :: q : Q$ ou $p : q :: P : Q$

Un second point m' est de même soumis à deux forces p', q', telles que l'on a les proportions

(4) $p' : P :: m' : M$ (5) $q' : Q :: m' : M$

et par suite

(6) $p' : P :: q' : Q$ ou $p' : q' :: P : Q$

Si nous supposons que les forces totales P et Q sont appliquées en O, point de rencontre de leurs directions, et que nous construisions le parallélogramme OP'SQ' (comme au n° 183); puis, que nous composions les deux forces p et q, appliquées au point matériel m, et les forces p' et q', appliquées au point m', etc.; il est clair que les triangles OP'S , mps , $m'p's'$, etc., sont semblables; car les côtés mp, $m'p'$ sont parallèles à OP'P, et les côtés ps et $p's'$ sont parallèles à la direction OQ'Q ; en outre, ces côtés sont respectivement proportionnels, c'est-à-dire que l'on a

(3) $p : q :: P : Q$ et (6) $p' : q' :: P : Q$

et, à cause du rapport commun,

(7) $P : Q :: p : q :: p' : q' :: p'' : q'' ::$ etc...

Par suite, les troisièmes côtés de ces triangles semblables sont aussi parallèles entre eux et proportionnels, et l'on a

(8) $S : P :: s : p :: s' : p' :: s'' : p'' ::$ etc.; mais, on a aussi

(1') $M : P :: m : p :: m' : p' :: m'' : p'' ::$ etc.

En comparant ces deux dernières proportions, on voit qu'elles ont un rapport commun ($P : p : p' : p''$), par suite

(9) $S : M :: s : m :: s' : m' :: s'' : m'' ::$ etc.

C'est-à-dire que les résultantes partielles s, s', s'' sont à la résultante S, obtenue par la composition directe des forces totales, comme les masses partielles et respectives des points matériels, composant le solide, sont à la masse totale.

La force s donnera au point matériel, de masse m, une variation de vitesse égale (n° 51, livr. 2) à $s : m$; de même, la résultante partielle s' donnera au point m' une variation de vitesse égale à $s' : m'$; mais, d'après la proportion (9), les rapports $s : m$, $s' : m'$, $s'' : m''$, etc..., sont égaux; donc les variations de vitesse dues aux résultantes partielles s, s', s'', etc., sont toutes égales et parallèles. *L'effet de deux forces concourantes P et Q, appliquées à un solide, est donc de donner aux divers points de ce solide une même variation de vitesse, et, par suite, au solide entier, un mouve-*

ment de translation rectiligne, dont la direction est celle de la résultante S *des deux forces* P *et* Q.

191. La force S peut être considérée comme appliquée à la masse totale M du solide, et alors elle lui donnerait, suivant OS'S, une variation de vitesse égale à S : M (n° 51, livr. 2) ; mais d'après la proportion (9) du n° précédent S : M :: s : m :: s' : m' :: etc.

Donc *la force* S, *résultante des deux forces* P *et* Q, *supposées appliquées au point* O, *où toute la masse* M *du solide serait concentrée, donnerait à cette masse totale, une variation de vitesse égale et parallèle à celle que donnent réellement aux points* m, m′, m″..., *les résultantes partielles* s, s′, s″ *dues aux actions simultanées des forces* P *et* Q.

192. La composition des deux forces concourantes P et Q, telle que nous l'avons indiquée (n° 183), donne donc le même résultat que la composition des mouvements dus à ces forces, un mouvement résultant suivant OS. Nous étions donc en droit de simplifier le problème, en composant les causes, sans tenir compte des effets. En outre, la force S appliquée en O donnerait, aux divers points du solide, le même mouvement que les deux forces P et Q. En effet, *la force* S, *appliquée au solide entier, se répartirait entre tous les points du corps proportionnellement à leurs masses,* et l'on aurait

$$S : M :: s : m :: s' : m' :: s'' : m'' :: \text{etc.};$$

or, nous savons que

$$m + m' + m'' + m'''... = M, \text{ masse totale,}$$

il faut donc aussi que

$$s + s' + s'' + s''' + \text{etc.} = S, \text{ résultante totale.}$$

Cette force S, obtenue directement en composant P

et Q considérées comme appliquées en un seul point O de masse M, donnerait donc aux divers points des actions égales à celles dues à l'application des deux forces, et elle est *égale à la somme des actions partielles, s, s', s''...*, dues à l'application des forces P et Q au solide **M**.

193. Si l'on suppose un nombre quelconque de forces concourantes appliquées à un solide, on arrive à un résultat analogue. Soient, en effet (fig. 50), quatre forces, P, Q, R, S, appliquées à un solide : chacune d'elles se répartit entre toutes les molécules du corps, proportionnellement à leurs masses, et, par suite, chaque point matériel m est soumis à quatre forces p, q, r, s ; si l'on compose ces quatre forces élémentaires, respectivement parallèles et proportionnelles aux quatre forces totales P, Q, R, et S, on aura une résultante, z, parallèle à la résultante totale Z et telle que l'on ait :

$$(1)\quad Z : z : : M : m$$

Car on a $P : p : : Z : z$ et $P : p : : M : m$ (n° 278).

Ces forces partielles z, z', z''... donneraient aux points matériels une même variation de vitesse égale à $z : m$ ou $z' : m'$, etc.

Une résultante totale Z étant supposée appliquée seule au solide, se répartirait entre tous les points proportionnellement à leurs masses et, par suite, Z est bien égale à la somme des résultantes partielles z, z', z'', z''', ... comme la masse M, mue par Z, est égale à la somme des masses partielles m, m', m'', ... mues par les résultantes partielles z, z', z''... La composition directe des forces concourantes P, Q, R, et S, considérées comme appliquées à un seul point O où la masse serait concentrée, donne donc le même résultat que la composition rigoureuse et positive des actions partielles z, z', z" ... agissant sur les divers points du solide, par suite de l'application des forces P, Q, R, et S à ce solide.

194. La composition des forces concourantes peut donc rigoureusement se faire suivant les règles simples indiquées dans les n°s 183 à 188, c'est-à-dire sans tenir compte de la répartition des forces entre les divers points du solide auquel elles sont appliquées.

C'est la méthode ordinaire et la plus simple; mais elle peut mener à des conséquences fausses, que quelques auteurs n'ont pas su éviter. Supposons, en effet, que les trois forces F, G, H aient pour résultante la force R (fig. 51) dont le point d'application n'est pas dans le solide et dont la direction ne rencontre pas ce solide. Les auteurs dont nous parlons en concluent que « *la résultante est alors purement fictive.* » C'est-à-dire que trois actions réelles F, G, H .... sont remplacées par une *chose fictive.* Par suite, le lecteur peut en conclure que, comme une *résultante fictive* ne peut donner aucun mouvement au solide, les composantes que la résultante fictive remplace ne donnent aucun mouvement, ce qui n'est pas : car les trois forces F, G, H ont pour effet visible, d'après notre manière de procéder, de donner aux diverses molécules du solide une même accélération, w, suivant la direction de la résultante qui n'est rien moins que fictive; car elle est la somme des forces réelles r, r', r', appliquées aux molécules composant le solide.

195. Soit une force S appliquée, seule, à un solide et lui donnant, par suite, un mouvement de translation

rectiligne suivant la direction même de cette force (fig. 52). On peut désirer remplacer cette force unique par deux autres de directions données AP et BQ, et capables de donner au solide le même mouvement. Ce problème, inverse du précédent (n° 183 à 194), s'appelle *décomposition des forces concourantes.* La force S se répartit entre les diverses molécules du corps, proportionnellement à leurs masses, et, par suite, les divers points sont soumis chacun à une force s, s', .. s'' ....; chacune de ces forces donne au point m, auquel elle est appliquée, une variation de vitesse w égale à celle que donne la force totale S à la masse totale M. Or, la force s, appliquée au point m, peut être décomposée en deux forces p et q de directions parallèles aux directions données AP et BQ; si l'on décompose de même la force totale S supposée appliquée au point O, rencontre des trois directions OS, AP et BQ, supposées concourantes, on aurait deux triangles OPS et mps semblables comme ayant les côtés parallèles : donc leurs côtés sont respectivement proportionnels, et l'on a

$$(1)\ \text{OS} : ms : : op : \text{mp};$$

d'autre part,

$$(2)\ \text{S ou OS} : ms : : \text{M} : \text{m};$$

donc, à cause du rapport commun, on a

$$(3)\ \text{OP} : \text{mp} : : \text{M} : \text{m}.$$

On prouverait de même que l'on a

$$(4)\ \text{OS} : ms : : \text{PS ou son égale OQ} : ps \text{ ou son égale } mq.$$

Cette proportion a un rapport commun avec la proportion (3). On a donc

$$(5)\ \text{OQ} : mq : : \text{M} : \text{m}.$$

On aurait de même pour un second point m'

(6) OP : m'p' : : M : m';

(7) OQ : m'q' : : M : m' .., etc.

Or, les proportions (3), (5), (6) et (7) peuvent être mises sous la forme

(3') OP : M : : mp : m; (5') OQ : M : : mq : m

(6') OP : M : : $m'p'$: m'; (7') OQ : M : : $m'q'$: m'

et, à cause des rapports communs, il vient

(8) mp : $m'p'$: : m : m' et (9) mq : $m'q'$: : m : m'

et pour d'autres points du corps

$$mp : m'p' : m''p'' : \text{etc.} \dots : : m : m' : m'',$$

et $$mq : m'q' : m''q'' : : m : m' : m'' \dots$$

chaque point est alors soumis à deux composantes agissant suivant les directions données, et ces composantes sont entre elles comme les masses auxquelles elles sont appliquées.

196. Soit, d'autre part, une force OP (fig. 52) appliquée au solide entier : elle se répartit entre tous les points, proportionnellement à leurs masses, et l'on a, en appelant p, p', p'', ces forces partielles

(9) OP : p : p' : p'' .... : : M : m : m' : m'' ....

Or, en comparant la proportion (3') avec la proportion (9) transformée

(3') OP : M : : mp : m et (9') OP : M : : p : m.

On voit que les termes OP, M, m, de la première proportion sont égaux aux termes OP, M et m de la seconde : donc les termes mp et p sont égaux; c'est-à-dire que si, après avoir décomposé la force S supposée appliquée au point O en deux forces OP et OQ, on suppose que la force OP agit sur le solide entier, elle se partage entre les molécules, proportionnellement à leurs masses, et ces parts p, p', p",.... sont justement égales aux composantes mp, m'p', m"p".... obtenues en décomposant les forces, s, s', s''.... parties de la force totale S à décomposer : et si l'on se reporte à la proportion (7), il est clair que l'on a OP : $p : p' : p''$ :: M : $m : m' : m''$ etc. M étant égale à la somme de m, m', m'', il faut que OP soit aussi égale à la somme p, p', p'', etc.; donc *les forces O P. OQ, obtenues en décomposant directement la force S supposée appliquée à un seul point,* sont égales à la somme des composantes partielles (mp, mq) — $(m'p', m'q')$ — etc,... obtenues en décomposant chacune des forces s, s', s', parties de la force S afférentes aux divers points m, m', m''. On peut donc regarder OP et OQ comme capables de remplacer la force S, puisque ces deux forces donneraient aux divers points du solide le même mouvement que donnerait la force S, seule. Donc, voici comment se fera la décomposition d'une force :

197. Soit (fig. 53) une force R appliquée à un solide; si l'on veut remplacer cette force par deux autres, dont les directions OA, OB rencontrent la direction OR et soient avec cette dernière dans un même plan, on suppose d'abord que la force R est appliquée au point O, ce qui ne change rien à l'état de mouvement du solide; alors on peut décomposer la force R appliquée au point O (où toute la masse du solide est supposée concentrée) en deux autres OP, OQ, dont on détermine les intensités en menant par le point R les droites RP, RQ, parallèles à OB et OA, c'est-à-dire en construisant un parallélogramme ayant OR (résultante) pour diagonale, et dont

les côtés sont dirigés suivant OB et OA. Or, les forces OP, OQ peuvent être supposées appliquées en A et B, sans qu'il y ait rien de changé à l'état de mouvement. On peut donc décomposer une force R appliquée à un solide en deux autres, dont les directions rencontrent la direction OR et soient dans un même plan avec cette direction.

198. On ne peut pas décomposer ou remplacer une force R par deux autres qui concourent avec la première, mais ne soient pas avec elles dans un même plan. En effet, supposons que le problème soit résolu, et que P et Q (fig. 54) soient les forces capables de remplacer la force R. Les directions des forces P et Q concourent avec la direction R, et elles concourent aussi entre elles ; donc P et Q ont une résultante R′ qui est dans leur plan (nos 93 et 184, livr. 2). R′ équivaut à ses composantes P et Q de même que R : or, si ces deux forces R et R′ ne se confondent pas, elles ne peuvent être équivalentes, puisqu'elles donneraient évidemment, au point auquel elles sont appliquées, des mouvements différents ; si elles se confondent, c'est que les trois directions R, P et Q sont dans un même plan.

199. On peut décomposer une force en trois autres concourant avec elle, pourvu que trois quelconques de ces directions ne soient pas dans un même plan. En partant des observations faites dans les numéros précédents, ce problème est purement géométrique : il suffit donc de renvoyer le lecteur au no 111 (livr. 1er).

200. La décomposition d'une force en trois autres, concourant dans un même plan, est un problème indéterminé ; c'est-à-dire qu'il est susceptible d'une infinité

de solutions. En effet, soient OP, OQ, OS (fig. 55) les trois directions données, situées dans un même plan avec la force OR à décomposer : prenons dans le plan commun une direction OX arbitraire. Il est clair que l'on peut décomposer la force OR en deux autres, dirigées suivant OP et OX; mais on pourra, ensuite, décomposer OX en deux forces agissant suivant OQ et OS; donc on aura trois forces OP, OQ, OS équivalant à la force R, et le problème est résolu. Mais, si l'on eût pris une autre direction arbitraire OV, on eût aussi obtenu trois forces dirigées suivant les trois directions données, et équivalentes aussi à la force R, quoiqu'elles soient forcément différentes des forces obtenues par la première solution : donc il y a réellement autant de solutions que l'on peut mener de lignes arbitraires dans le plan; le nombre des solutions est donc infini.

201. Le problème de la décomposition d'une force en plus de trois directions concourant en un seul point, et situées ou non dans un même plan, est indéterminé, c'est-à-dire susceptible d'une infinité de solutions. En effet, soit (fig. 56) la force R à décomposer en quatre forces, dirigées suivant les droites concourantes P, Q, S, T. On peut décomposer cette force en trois autres, dirigées suivant P, Q et une direction arbitraire M, prise dans le plan des deux forces S et T.

Donc R est alors remplacé par les forces P, Q et M; mais M peut être aussi décomposé en deux forces agissant suivant les droites S et T; donc, en définitive, on a une première solution du problème : quatre forces P, Q, S et T remplacent la force R, en remplissant les conditions du problème. Mais la ligne auxiliaire M ayant été menée arbitrairement dans le plan OST, on voit qu'on peut obtenir une infinité de solutions ; car les forces P, Q, S et T ne seront évidemment jamais égales, si l'on prend successivement deux lignes auxiliaires OM, OM', différentes. En outre, on peut décomposer d'une autre façon, c'est-à-dire en trois forces, dont les directions soient OT, OS et une droite arbitraire menée dans le plan OPQ ; ce qui donnerait encore une infinité de solutions.

(B) *Forces parallèles.*

202. Soient (fig. 57) deux forces F et F' appliquées aux points A et B d'un corps solide. Si les directions de ces forces sont aussi près d'être parallèles que l'on voudra l'imaginer, les observations faites (nos 183, 184 et 185) sont encore applicables ; car dans la démonstration du n° 183, la grandeur de l'angle des directions des forces n'est prise en considération d'aucune façon : donc, quand les deux forces sont parallèles (fig. 57) si l'on mène une ligne BM telle que les angles intérieurs OMB, OBM soient égaux, cette ligne BM est une perpendiculaire commune aux deux directions parallèles. Par suite, comme dans le n° 183, la résultante des deux forces passera en un point C tel que l'on ait

$$F \times MC = F' \times CB.$$

D'autre part, la résultante qui passe en C doit aussi passer au point O situé à l'infini, c'est-à-dire que la résultante est parallèle aux composantes.

En outre, d'après le n° 187, la somme des projections des composantes, sur la direction de la résultante, doit être égale à cette résultante : comme les deux forces sont parallèles à leur résultante, elles se projettent en vraie grandeur; il s'ensuit que *la résultante de deux forces parallèles de même sens est égale à leur somme.*

203. C'est-à-dire, en résumé, qu'en considérant deux forces parallèles de même sens, *comme deux forces concourant en un point O situé à l'infini*, on en déduit d'après les observations du n° 183 que

1° — *Les deux forces parallèles ont une résultante de même sens que les composantes.*

2° — *Cette résultante passe entre les deux points d'application A et B et par un point C tel que la ligne MB est divisée en deux parties réciproquement proportionnelles aux composantes (n° 183).*

3° — *La résultante est parallèle aux composantes.*

4° — *La résultante est égale à la somme des composantes.*

204. Si les deux forces parallèles sont de sens opposés (fig. 58), les seules différences que présente ce cas par rapport au précédent, c'est que

1°..... *La résultante est du même sens que la plus grande composante.*

2°..... *La résultante passe extérieurement aux points d'application A et B et du côté de la plus grande force.*

3°..... *La résultante est égale à la différence des composantes.*

Les figures 57 et 58 expliquent suffisamment ces différences.

205. Les observations des n°s 183, 184 et 185 nous ont permis de déterminer la résultante de deux forces

parallèles en les assimilant à deux forces concourantes. Cette méthode est nouvelle ; mais nous la croyons préférable à toutes les autres , comme plus directe et plus propre à permettre des assimilations intéressantes dans l'étude de l'équivalence des forces.

206. Soient deux forces parallèles de même sens, P et Q (fig. 59), appliquées aux points A et B d'un solide matériel : d'après le théorème du n° 170, la force P se partage entre tous les points proportionnellement à leurs masses, de sorte que l'on a :

(1) $p : p' : p'' :$ etc... $: : m : m' : m'' :$ etc.,

et que $p + p' + p'' +$ etc., $=$ P, comme $m + m' + m'' \times$ etc., $=$ M ; de même, la force Q se partage entre tous les points, et l'on a la proportion :

(2) $q : q' : q'' .... : : m : m' : m'$

et que $\qquad q + q' + q'' + ... = Q$

Ces proportions et équations existent quand les forces sont concourantes aussi bien qu'en ce cas ; mais ici, il y a en outre ce fait que les deux forces p et q, — p' et q', — agissant sur les points m, m', m''...., en vertu de l'action des forces totales P et Q, sont de mêmes directions et de même sens : donc, elles s'ajoutent, et chaque point est alors soumis à une seule force s, s' ou s''.... telle que l'on a :

$$s = p + q ; s' = p' + q' ; s'' = p'' + q'', \text{etc.} ;$$

et comme P $: p : :$ M $: m$, Q $: q : :$ M $: m$, ou P $:$ Q $: : p : q$ il vient P $+$ Q $:$ Q $: : p + q : q$, mais Q $:$ M $: : q : m$, donc P $+$ Q $:$ M $: : p + q : m$; donc si les forces p, p', p''.... donnent aux points du solide une variation de vitesse w et que les forces q, q', q''.... donnent à ces mêmes points une variation de vitesse w', l'ensemble de ces forces donnera aux points une variation de vitesse W égale à la somme $w + w'$ puisque ces deux dernières variations sont de même direction et de même sens. Soit donc appliquée au solide une force $Z = P + Q$ et parallèle à ces forces ; elle se partage entre tous les points proportionnellement à leurs masses, et l'on a : $z : Z$ ou $(P + Q) : : m : M$; en comparant cette proportion avec la proportion (3) transformée $p + q : P + Q : : m : M$, il vient : $z : (P + Q)$ ou $Z : : (p + q) : (P + Q)$, ce qui ne peut être qu'autant que $z = p + q$: donc la force Z égale à la somme des forces P et Q étant supposée appliquée au solide, se partagerait entre les molécules proportionnellement à leurs masses et les parts z, z', z'' seraient justement égales à $p + q$, $p' + q'$, $p'' + q''$, etc.: parts d'actions des forces simultanées P et Q sur les diverses molécules du solide. Donc la force Z, parallèle à $P + Q$ et égale à leur somme, donnerait au solide le même mouvement que ces deux forces. Les forces parallèles P et Q n'étant autre chose que deux forces concourant en un point O situé à l'infini, il est clair que la composition des deux forces parallèles rentre dans le cas de la composition des deux forces concourantes ; la force Z capable de remplacer les deux forces P et Q, passe par ce point de rencontre, autrement dit, elle est parallèle aux composantes, et les forces étant de même sens, cette force Z passe entre les points A et B (n° 185, li. 2), et divise la perpendiculaire MA, commune aux deux parallèles AP et BQ, en parties réciproquement proportionnelles aux forces Q et P, c'est-à-dire que l'on a :

$$P : Q : : MC : CA.$$

206 bis. Il est clair que si l'on mène une oblique quelconque AB, on aura aussi (fig. 59) :

$$P : Q : : BC' : C'A.$$

207. Soient deux forces parallèles P et Q de sens opposés (fig. 60). Chacune de ces forces se répartit entre tous les points du solide, qui sont alors soumis chacun à deux forces, p et q, — p' et q' — p'' et q'', telles que l'on a :

$$p : p' : p'' : : m : m' : m'' \text{ et } q : q' : q'' \dots : : m : m' : m''$$

on a aussi :

$$p + p' + p'' + \text{etc.} = P; \quad q + q' + q'' + \text{etc.} = Q.$$

Or les forces totales P et Q, étant de sens opposés, les forces partielles, p et q, sont aussi de sens opposés et, comme appliquées à un seul point matériel, elles peuvent être remplacées par une seule force égale à leur différence et du sens de la plus grande : donc chaque point est soumis à une force $s = p - q$ ou $s' = p' - q'$, ou, etc. : or, si p et q sont capables de donner à la masse m des variations de vitesse w et w', ces variations étant de sens opposés, leur résultante est égale à la différence $w - w'$; de même, s résultante des deux forces p et q donnera au point m une variation de vitesse égale à $w - w'$. La masse totale prendra donc, en vertu de l'action des deux forces parallèles opposées P et Q, un mouvement de translation dont la variation de vitesse sera égale à $w - w'$, différence des variations de vitesse que donneraient à la masse totale M les forces P et Q. Soit, d'autre part une force $Z = P - Q$ parallèle aux forces P et Q; cette force se partagera entre tous les points du solide, de façon à ce que les forces partielles z, z', z'', etc., soient proportionnelles aux masses des points; on aura donc :

$$z : z' : z'' : \ldots : : m : m' : m''$$

mais comme

$$z + z' + z'' + \text{etc.} = Z = P - Q,$$

et que

$$m + m' + m'' = M,$$

on aura :

$$(1)\ Z : z : : M : m.$$

mais on a évidemment

$$P : Q : : p : q; \quad \text{et par suite}$$

$$(2) \qquad P - Q : Q : : p - q : q$$

ou, changeant de place les moyens,

$(2')$ $P - Q : p - q : : Q : q$; mais (3) $M : m : : Q : q$, donc à cause du rapport commun

$$(4) \qquad P - Q : p - q : : M : m.$$

Comparant les proportions (1) et (4), on voit qu'elles ont un rapport commun, et que le premier terme Z est par hypothèse égale à P — Q, premier terme de la proportion (4), donc les termes $p - q$ (4) et z (1) sont égaux : ainsi les résultantes partielles $p - q$ et $p' - q'$... sont égales aux forces z, z'... parties d'une force Z=P — Q appliquée à la masse totale M; donc le mouvement résultant des deux forces parallèles opposées P et Q, peut être considéré comme produit par une force Z, égale à la différence des deux composantes. Cette force Z concoure à l'infini avec les forces P et Q, et passe en un point C tel que l'on ait $P \times AC = Q \times BC$.

208. Lorsque les deux composantes parallèles sont égales et de sens opposés elles forment ce que l'on appelle un *couple*. Ce système de force étant ordinairement un sujet de confusion pour les commençants, il est important de bien expliquer l'effet d'un couple à tous les points de vue.

209. Supposons d'abord deux forces parallèles et de sens opposés, l'une F égale à 16, l'autre F', égale à 6; d'après le résumé des n°s 188 et 189, la résultante R sera parallèle à F et F' et égale à 16 — 6, son point d'application sera extérieur et du côté de la plus grande force en un point C tel que l'on ait

$$F \times AC = F' \times BC$$
$$\text{ou } F' : F : : AC : BC$$

Retranchons le conséquent de l'antécédent, nous aurons

$$F' - F : F : : AC - BC : BC.$$

Remarquons, sur la fig. 61, que AC — BC = AB, distance des deux points d'application que nous supposons être ici de 5 millimètres : nous aurons

F' — F : F : : 5 millimètres : BC exprimée en millimètres. Puisqu'il s'agit de déterminer le point d'application C de la résultante, connaissant les composantes, l'inconnu est BC : or, on a

$$BC = \frac{5 \text{ millimètres} \times F}{F' - F}$$

Au moyen de cette équation, nous pourrons déterminer la position du point C connaissant la grandeur des forces F' et F.

Soit donc (fig. 62) F = 6 kilogr., F' = 16 kilogr. Re-

présentons ces forces à l'échelle d'un *millimètre* pour
1 kilogr. Nous aurons

$$\text{BC en millimèt.} = \frac{5 \text{ millimètres} \times 6^k}{16^k - 6^k} = 3 \text{ millimètres.}$$

C'est-à-dire que si les forces F et F' de sens opposés
sont *très-loin d'être égales* (6 et 16), le point d'application C de la résultante est *très-près* du point d'application de la plus grande force B F'.

La résultante est égale à $16^k - 6^k = 10$ kilogr.

Dans les fig. 63, 64 et 65, nous avons supposé des
forces parallèles de sens opposés et dont les intensités
sont de plus en plus près de l'égalité : ainsi (fig. 63) la
force $F = 10$ et la force $F' = 16$: ce qui donne

$$\text{BC} = \frac{5 \text{ millim.} \times 10^k}{16^k - 10^k} = 8 \text{ milim. } \tfrac{1}{3}$$

La résultante $= 16 - 10 = 6$ kilogr. Le point d'application de la résultante est donc plus éloigné et cette
résultante plus petite. Dans la fig. 64, la force F est encore plus près d'être égale à F' et l'on a

$$\text{CB} = \frac{5 \text{ millim.} \times 14^k}{16^k - 14^k} = 35 \text{ millim.}$$

La résultante $= 16^k - 14^k = 2$ kilogr. — Distance
plus grande, intensité plus petite. Enfin dans la fig. 65
on a

$$\text{BC} = \frac{5 \text{ millim.} \times 15^k}{16^k - 15^k} = 75 \text{ millim.}$$

La résultante $= 16 - 15 = 1$ kilogr.

C'est-à-dire, en résumé, que plus l'intensité de la
force F s'approche d'être égale à l'intensité de la force

F', plus le point d'application de la résultante est éloigné de la grande force F' et plus la résultante s'approche de O.

A la limite, c'est-à-dire quand la force F est égale à F', le point d'application C est situé à l'infini du côté gauche et la résultante est nulle.

Ce qui résulte, du reste, de l'expression algébrique (191).

$$BC = \frac{AB \times F}{+F-F} = \frac{AB \times F}{0} = \frac{M}{0} = \infty$$

Signe algébrique de l'infini.

210. Lorsque les forces appliquées à un solide se réduisent à un couple P—P (fig. 66), chaque force de ce couple se partage entre les molécules proportionnellement à leurs masses, de sorte que chacun des divers points est soumis à un système de deux forces égales et opposées $p - p$, $p' - p'$, $p'' - p''$....

Chaque point est ainsi soumis à une résultante nulle : le couple P — P *ne donne donc aucune accélération* aux divers points du solide. L'effet d'un couple, au point de vue de la translation seule, est donc nul.

C'est-à-dire qu'un couple n'a aucun effet pour faire avancer ou reculer le corps solide, si, bien entendu, celui-ci est entièrement libre dans l'espace, c'est-à-dire non assujetti à tourner où à glisser.

211. On peut donc ajouter un couple au système de forces agissant sur un solide libre, ou, au contraire, retrancher un couple de ce même système, sans rien changer à *l'état de mouvement de translation* du solide : ainsi (fig. 67), si le solide M est animé, par l'effet de

forces quelconques, d'un mouvement de translation suivant XY, on ne changera rien à cet état de mouvement
par l'addition d'un couple P—P : de même, si parmi
les forces appliquées à un solide M (fig. 68), il s'en
trouve deux, égales et opposées, +Q et — Q, on peut
les retrancher sans rien changer au mouvement de
translation XY, que le système des forces +Q et —Q,
F et F' peut donner au solide. Nous reviendrons sur ce
sujet dans un chapitre suivant; car, bien que *nul*,
quand le mouvement de translation seul est possible,
l'effet d'un couple doit être considéré à un autre point
de vue.

212. Lorsqu'un solide est soumis à un nombre
quelconque de forces parallèles de même sens, on peut
les remplacer par une seule *résultante*, que l'on détermine en composant les forces successivement.

Soient en effet, les forces parallèles et de même sens
P, Q, R et S (fig. 69), appliquées respectivement aux
points A, B, C et D d'un corps solide. Si l'on considère
les forces P et Q seulement, on peut les remplacer par
leur résultante T (n° 189, livr. II), appliquée en un
point F, tel que l'on ait $P \times AF = Q \times BF$; de plus,
$T = P + Q$. — De même, on peut composer la force T
(équivalente aux deux forces P et Q) avec la force R, et
l'on trouvera *une résultante* U égale à $T + R$, et, par
conséquent, à $P + Q + R$; et cette force sera appliquée
en un point G tel que l'on ait $R \times CG = T \times FG$. En
composant de même la résultante U, représentant les
trois premières forces, avec la quatrième force S, on
obtient la résultante définitive N, dont le point d'application est en H; et $S \times HD = M \times GH$. L'intensité de

cette résultante est égale à M + S ou, par suite, à P + Q + R + S. L'intensité de la résultante d'un nombre quelconque de forces parallèles de même sens est donc égale à la somme des intensités des composantes; et son point d'application dépend des rapports existant entre les intensités des composantes et résultantes successives, et des positions relatives des points d'application des composantes.

213. Le point d'application, H, de la résultante, N, de forces parallèles de même sens, jouit d'une propriété remarquable, qui l'a fait appeler *centre* des forces parallèles : quelle que soit, en effet, la direction commune des composantes, pourvu que leurs points d'application et leurs intensités ne changent pas, la résultante passe toujours au même point H. Cette proposition n'exige pas une longue démonstration : reportons-nous à la fig. 69) il est clair que la position du point F, entre A et B, ne dépend que du rapport existant entre les forces P et Q; il en est de même de la position du point G et de celle du point H; donc si l'inclinaison variant, les intensités des composantes ne varient pas, le point d'application de la résultante ne varie pas non plus.

Si les composantes parallèles, tout en conservant leurs points d'application, augmentaient toutes proportionnellement à leurs premières intensités; c'est-à-dire, si toutes ces composantes *doublaient, triplaient* ou *quadruplaient* d'intensité, les points d'application des résultantes successives et le point d'application de la résultante définitive auraient encore la même position; car les rapports entre les forces n'ont pas changé, et nous venons de voir que de ces rapports seuls dépendent les positions des points d'application des résultantes.

214. Le *centre des forces parallèles* s'appelle *centre de gravité* lorsque les forces parallèles considérées sont les poids des molécules du solide. Les règles de la détermination des centres de gravité des solides sont d'une grande importance : nous en parlerons en détail dans la mécanique matérielle.

215. Si les forces parallèles appliquées à un solide sont de deux sens opposés, on détermine la résultante de chacun des systèmes de forces du même sens : ainsi (fig. 70), U est la résultante des forces V, X et Y; et J, la résultante des forces de sens contraire K, L et M. Si l'on compose ces deux résultantes de sens contraires, il peut se présenter trois cas : 1° les deux forces U et J (cas le plus ordinaire) auront une résultante *a;* 2° les forces U' et J' (fig. 71) seront égales et directement opposées; 3° les deux forces J″ et U″ formeront un couple (fig. 72). Dans le premier cas, les sommes des forces agissant dans le même sens sont inégales; dans les deux autres cas, elles sont égales.

Les observations précédentes permettent de déterminer la force ou le couple résultants d'un système quelconque de forces parallèles.

216. On peut désirer remplacer une force R par deux autres qui lui soient parallèles et dans le même plan. Ce problème se résout facilement au moyen des relations existant entre deux forces parallèles et leur résultante (n°s 189 à 191). Ainsi, si la force à décomposer R (fig. 73) agit entre les deux directions des composantes P et Q à déterminer, il est clair que l'on doit avoir (1) $R = P + Q$; en outre, si l'on mène une droite CAB, perpendiculaire commune aux trois forces, on doit avoir

$$(2) \qquad P \times CA = Q \times CB.$$

Deux équations pour deux inconnues P et Q : on peut donc résoudre algébriquement le problème. Pour cela, l'équation (1) nous donne

$$(1') \qquad P = R - Q.$$

Cette valeur de P mise dans l'équation (2) donne

$$(2') \qquad (R - Q) \times CA = Q \times CB, \qquad \text{équation à}$$

une seule inconnue Q. On a évidemment

$$(2'') \qquad R \times CA - Q \times CA = Q \times CB$$

ou $\quad (2''') \qquad R \times CA = (CB + CA) \times Q.$

Remarquons que $CB + CA = AB$,

et nous aurons $(2'''') \; Q = \dfrac{R \times CA}{AB}$;

on arriverait par des considérations analogues à déterminer la valeur algébrique de P, qui serait

$$P = \frac{R \times CB}{AB}.$$

En mettant pour R, CB et AB les nombres de kilogrammes ou mètres que R, CB et AB représentent, on trouvera les valeurs de P et de Q en kilogr.

217. Cette décomposition peut être faite graphiquement. Soit (fig. 74) CR la grandeur de la force à décomposer, et BCA une perpendiculaire sur la direction commune des forces parallèles ; il s'agit de diviser la droite CR en parties proportionnelles aux longueurs CA et CB, ou leurs égales RM et RN. Menons la droite BM ; il est clair que les triangles COB et MOR sont semblables : donc on a CO : OR :: CB : MR ou CA.

Donc CO représente la force appliquée en A et RO la force appliquée en B, et de plus on a CO + OR = CR.

Les forces AQ, BQ (égales aux longueurs CO, OR) étant composées en une seule, auraient pour résultante CR égale à leur somme et passant par un point C, tel que l'on a : AP (ou CO) : BQ (ou OR) :: CB : CA (ou MR).

218. Si la force à décomposer étant CR, les directions AP et BQ, des composantes à déterminer, se trouvent du même côté (fig. 75), ces composantes seront de sens contraire, et pour les déterminer on procédera algébriquement ou graphiquement, comme dans le cas précédent. Ainsi on aura

$$(1) \qquad R = P - Q, \text{ et}$$

$$(2) \qquad P \times CA = Q \times CB.$$

Dans (2) mettons la valeur de P tirée de l'équation (1), nous aurons (2′) $(R + Q) \times CA = Q \times CB$, puis

$$(2″) \quad R \times CA + Q \times CA = Q \times CB,$$

$(2‴)$ $R \times CA = Q \times (CB - CA)$; or CB — CA = AB, donc

$$(2″″) \qquad R \times CA = Q \times AB, \text{ et, enfin,}$$

$$(2‴″) \quad Q = \frac{R \times CA}{AB} \quad \text{et on aurait de même} \quad P = \frac{R \times CB}{AB}.$$

219. On résoudra graphiquement ce problème en menant (fig. 76) la droite RM parallèle à CB, qui, par construction, est perpendiculaire sur CR et par suite sur AP, BQ : on joindra B et K par une droite indéfinie, qui rencontrera CR en X; or, les deux triangles KRX, BAK sont semblables, et, par suite, on a

$$(1) \qquad BA : KR \text{ ou } CA :: AK \text{ ou } CR : RX \text{ ou } BQ,$$

proportion que l'on peut mettre sous la forme

(2) (BA + CA) ou BC : CA :: (CR + BQ) ou AP : BQ, donc CR représentant la force à décomposer AP et BQ sont les composantes : car on a bien CR = P—Q et, d'après la proportion (2), BC × BQ = CA × AP.

220. On peut aussi décomposer une force R (fig. 77) en trois autres qui lui soient parallèles. Menons un plan perpendiculaire sur la droite R, il sera perpendiculaire à toutes les droites parallèles à R et par suite à AP, BQ et DS. Joignons AB, et prolongeons DC jusqu'à sa rencontre avec AB, en X. Nous pourrons, d'après le numéro précédent, décomposer CR en deux forces agissant suivant les directions DS et XY ; donc, au lieu de la force R on peut mettre les forces S et Y ; mais cette dernière force étant dans un même plan avec les directions AP et BQ, on peut décomposer Y en deux forces (n° 216) agissant suivant les directions AP et BQ ; donc les deux forces P et Q peuvent remplacer la force Y, et, par suite, les trois forces S, P et Q remplacent la force R ou lui sont équivalentes.

221. La décomposition d'une force en plus de trois qui lui soient parallèles est un problème indéterminé ; car on peut en trouver autant de solution que l'on veut. Soient, en effet (fig. 78), P, Q, S, T les directions des quatre forces qui doivent remplacer la force R. Menons un plan perpendiculaire sur la direction R ; joignons BE et AD. Si par le point C on mène une droite quelconque, elle rencontrera nécessairement les droites BE et AD qui sont dans un même plan. Or, si V et X sont les points de rencontre, on peut décomposer d'abord R en deux forces, Y et Z, appliquées en ces points X et V ; puis en décomposant Y en deux forces Q et T, et Z en

deux forces P et S, on a quatre forces qui équivalent aux deux forces Y et Z qui, elles-mêmes, équivalent à la force R; donc, on peut décomposer la force R en quatre forces, dirigées suivant les directions parallèles données P, Q, S, T; mais en menant une autre ligne par le point C, on pourrait encore décomposer la force R en quatre forces appliquées en A, B, E, D; mais ces quatre forces n'auraient évidemment plus les mêmes grandeurs que celles trouvées la première fois; donc il y a bien réellement autant de solutions que l'on voudra au problème de la décomposition d'une force en quatre, qui lui soient parallèles.

C. *Forces ni concourantes ni parallèles.*

222. Trois forces appliquées à un solide et situées ou non dans un même plan peuvent toujours se réduire à deux forces.

Soient, en effet (fig. 79), trois forces P, Q et R appliquées aux points A, B et C d'un solide : supposons que les trois points C, B, A ne sont pas dans un même plan. Joignons C à B et A à B. Par les lignes BC et CR faisons passer un plan; par BA et AP faisons de même passer un plan; ces deux plans se couperont suivant une ligne BN passant par B, car ce dernier point est, par construction, commun aux deux plans.

La force P, appliquée en A, peut être décomposée en deux autres, situées dans le plan BAP. De même, la force R peut être décomposée en deux autres, situées dans le plan RCB. Les directions des composantes à déterminer pouvant être prises arbitrairement, nous supposerons que ces directions, *non dans le même plan,* concourent, deux à deux, en des points S et B de l'intersection des deux plans ; c'est-à-dire que nous décomposerons la force P en deux autres, situées dans le plan BPAS et dirigées suivant AB et AS : cette décomposition se fait par la règle du parallélogramme des forces, et les composantes cherchées sont U et V, équivalant ensemble à la force P ; de même, la force R, appliquée en C, est décomposée en deux forces X et Y, dirigées suivant CB et CS, et équivalant ensemble à la force R.

Donc, par cette double décomposition, le système des trois forces P, Q et R, non situées dans le même plan, est remplacé par un systèmes équivalant de cinq forces : Q appliquée en B, U et V appliquées en A, X et Y appliquées en C ; mais les deux forces U et X concourent au point S, et les deux forces Y et V concourent au point B. On peut donc composer U et X en une seule force W, appliquée en B ; et les deux forces V et Y, en une seule Z, appliquée en S.

Donc, en second lieu, le système primitif des trois forces P en A, Q en B, R en C est remplacé par un système de trois forces : Z appliquée en S, W et Q en C. Ces deux dernières forces étant concourantes peuvent être réduites à une seule M, et, par suite, le théorème énoncé ci-dessus est démontré : *les trois forces* P, Q *et* R *sont remplacées par deux autres* W *et* M, *non situées dans le même plan, en général.*

223. Si un solide est soumis à un nombre quelconque de forces dirigées d'une manière quelconque, elles peuvent toujours se réduire à deux, non situées dans le même plan, en général. En effet, soient P, Q, R, S, T, les forces appliquées au solide : les trois premières peuvent être réduites à deux, V et X, d'après le numéro précédent; de même, ces deux forces V et X et la force S peuvent, combinées ensemble, se réduire à deux et ainsi de suite, quel que soit le nombre des forces.

224. Si les deux forces W et M (fig. 79) sont dans le même plan, c'est-à-dire concourantes ou parallèles, elles peuvent être remplacées par une seule force.

225. Deux forces P et A, non dans un même plan, peuvent toujours être remplacées par *une force* R et un couple P — P (fig. 80). En effet, par le point B, je mène MN parallèle à AP et j'applique au point B deux forces opposées, égales entre elles et à la force P, ce qui ne change rien à l'état de mouvement du solide; les deux forces + P et Q peuvent être composées en une seule, et il reste, par suite, le système composé de la force BR et du couple P — P, équivalant au système des deux forces P et Q.

226. Les deux forces P et Q auraient pu être composées d'une autre façon. En effet (fig. 81), par le point A, menons XY parallèle à la force Q; appliquons en A deux forces opposées, égales entre elles et à la force Q. Comme cette addition de deux forces égales et directement opposées ne change rien à l'état de mouvement du corps, il s'ensuit que le système, composé de la force AS (résultante de P et + Q) et du couple Q — Q, est équivalent au système primitif des deux forces P et Q. En second lieu, d'après la construction du numéro précédent, le système — force R et couple P — P — est aussi équivalent aux deux forces P et Q. Donc, les systèmes — force R et couple P — P —; — force S et couple Q — Q sont équivalents. Or, si l'on considère les deux

12.

triangles AQS et BQR, on voit que $A + Q = BQ$; $+ QS = QR$, et que ces côtés sont respectivement parallèles; donc la force S, troisième côté du premier triangle, est égale à la force R, troisième côté du deuxième triangle. Donc les deux couples P—P, Q — Q, doivent être équivalents. Et, par suite, quelle que soit la manière dont on remplace les forces P et Q, le résultat est le même : on trouve toujours *la même ésultante de translation* et un couple de même énergie.

227. Lorsqu'un solide est soumis à deux forces non situées dans un même plan (fig. 71), il prend un mouvement accéléré de translation suivant la direction R, et dont l'accélération de vitesse est proportionnelle à cette force R, résultante des deux forces P et Q, transportées parallèlement à elles-mêmes; et en même temps ce solide a une tendance à tourner suivant la flèche.

228. On regarde ordinairement comme un axiome la proposition suivante : *Deux forces non situées dans le même plan ne peuvent être remplacées par une seule* (n° 190). D'après les numéros précédents, deux forces P et Q, non situées dans un même plan, ont un effet complexe : elles peuvent être remplacées par une force R donnant un mouvement de translation, et un couple P—P donnant une tendance à la rotation. Or, on ne comprend pas qu'une seule force puisse produire cet effet complexe, d'après la définition même d'une force.

229. De ce qu'un couple tend à faire tourner un solide libre, il ne faudrait pas en conclure que ce solide prendra un mouvement de rotation; car pour que ce mouvement ait lieu il faut que le corps soit assujetti par un point ou un axe fixe.

Soit un solide soumis à un nombre quelconque de forces dirigées comme on voudra dans l'espace, et se réduisant (n° 225) à une force R et à un couple P — P (fig. 82). Dans ce cas, si l'on applique la remarque du n° 170, liv. 2, il en résulte que chaque point est soumis à une force r, et à deux forces $p - p$ égales et directement opposées. Ces deux forces $p - p$ ne pouvant donner aucune accélération de vitesse au point m, il s'ensuit que le mouvement dû aux forces R, P, — P, est celui-là même qui serait donné par la seule force R si, bien entendu, on suppose, comme dans tout ce qui précède, que le solide auquel les forces sont appliquées n'est pas assujetti à tourner. — Le couple indique seulement une *tendance* à la rotation. Donc, rigoureusement, deux forces non dans un même plan ne peuvent pas être remplacées par une force *unique* qui leur soit équivalente; mais on connaît le mouvement de translation qui résulte de l'action de ces deux forces, et nous allons voir que la tendance à la rotation, représentée par un couple, peut être mesurée. Au point de vue de la translation seule, les deux forces non dans le même plan ont donc une résultante.

230. La manière dont ces choses sont indiquées, dans tous les ouvrages de mécanique, pourrait faire croire que quand deux forces, non dans le même plan, agissent sur un corps, elles n'ont pas — *absolument* — de résultante; ce qui voudrait dire, en définitive, qu'un solide soumis à *deux forces* qui ne se détruisent pas, ne prendrait aucun mouvement; les deux *causes* resteraient donc *sans effet;* ce qui est absurde.

Nous répétons donc qu'un système quelconque de

forces, appliquées à un solide, a toujours pour effet de donner à ce solide un mouvement de translation. Seulement, quand les forces sont concourantes ou parallèles et de même sens, elle donnent au solide un mouvement de translation *sans tendance à la rotation;* tandis que si les forces ne sont ni concourantes ni parallèles, elles donnent au solide *un mouvement de translation et, parfois, simultanément, une tendance à la rotation.* Enfin, quand les forces sont parallèles, de sens opposé et égales, elles ne donnent au solide aucune *accélération de translation,* et seulement une *tendance à la rotation.* Tant que le solide, soumis aux forces, est libre dans l'espace, la tendance à rotation n'est pas suivie d'effet; il faut, pour que la rotation commence, que le mobile soit assujetti par un *axe-obstacle,* soit *absolument,* soit *relativement.*

SECTION II. — ÉQUIVALENCE DES FORCES.

DÉFINITIONS.

231. Deux systèmes de force sont dits équivalents lorsqu'ils donnent ou tendent à donner, au même solide, *un même mouvement.*

232. On peut ne considérer que des mouvements uniformes ou uniformément accélérés, puisque tous les autres peuvent y être ramenés.

233. Un solide pouvant prendre un mouvement de translation rectiligne ou un mouvement de rotation circulaire, il est nécessaire de considérer l'équivalence des forces et des systèmes de forces à deux points de vue :

1º suivant leur tendance à produire un mouvement de translation rectiligne de direction donnée et, 2º suivant leur tendance à donner un mouvement de rotation autour d'un axe déterminé.

234. Il suffit de considérer les forces à ces deux points de vue d'équivalence ; car tous les mouvements d'un solide peuvent être ramenés à des mouvements de translation rectiligne et à des mouvements de rotation circulaire, simultanés ou successifs.

CHAPITRE Iᵉʳ.

Équivalence de translation rectiligne.

§ I. — *Définitions et généralités.*

235. Deux mouvements de translation rectiligne sont identiques lorsque leurs variations de vitesses sont égales, parallèles et de même sens. Donc, deux forces ou deux systèmes de forces sont équivalents, lorsqu'ils donnent ou tendent à donner au même solide la même variation de vitesse, suivant la même direction et le même sens.

236. L'équivalence peut être cherchée dans deux buts : 1º *Trouver une force équivalente à deux ou plusieurs autres ;* 2º réciproquement, *trouver deux ou plusieurs forces équivalentes à une seule.* Ces deux problèmes constituent ce qu'on appelle la *composition et la décomposition des forces,* appliquées à un solide matériel.

§ II. — *Composition et décomposition des forces appliquées à un solide.*

A. *Forces concourantes.*

237. Si deux forces concourantes sont appliquées à un solide, elles lui donnent (n° 190) un mouvement de translation, dont la direction est celle de la diagonale du parallélogramme fait avec ces deux forces comme côtés; et la variation de vitesse de ce mouvement est représentée par la diagonale du parallélogramme fait avec les deux variations de vitesses, dues aux composantes P et Q (fig. 83). Or, la force représentée par la diagonale OS, étant capable de donner au solide une variation égale à W, résultante de w et w′, il s'ensuit que la force S est équivalente aux forces P et Q. Donc, pour trouver une force S, située dans le plan OPQ, et qui puisse remplacer les deux forces P et Q, il faut faire le parallélogramme POQS avec les deux forces P et Q comme côtés, et la diagonale OS représente, à l'échelle convenue, l'intensité et la direction de la *force unique équivalant aux deux forces* P *et* Q.

238. Si un nombre quelconque de forces, concourant en un seul point O (fig. 34), sont appliquées à un solide, elles lui donnent un mouvement résultant dirigé suivant la ligne OS, résultante des divers mouvements (n° 193); et la variation de vitesse est W, résultante des variations de vitesse dues aux diverses forces. Or, la force Z′ capable de donner, au mobile de masse M, une variation de vitesse égale à W, est précisément égale à Z, résultante des forces concourantes supposées appliquées, toutes, au point commun de concours O (n° 193, liv. 2). Donc pour composer un nombre quelconque de forces concourantes appliquées à un solide, il faut faire le polygone des forces, comme l'indique la figure (n° 132, liv. I), et la force S est équivalente à l'ensemble des composantes.

239. De même, les forces P et Q (fig. 85), obtenues en décomposant directement la force R, considérée comme appliquée à un seul point du corps, donneraient au solide le même mouvement que la force unique R; donc les deux forces P et Q équivalent à la force unique R.

B. *Forces parallèles.*

240. Tout ce que nous avons dit, à propos des forces concourant en un seul point O, s'applique aux forces parallèles, dont le point de concours est à l'infini. Ainsi : 1° la résultante R (fig. 86) est équivalente aux deux composantes P et Q, parce que la force R, agissant seule, donnerait au solide le même mouvement de translation, que si P et Q agissaient simultanément et seules; 2° la résultante Z équivaut aux composantes P, Q, R, S (fig. 86); 3° l'ensemble des forces P et Q, obtenues en décomposant la force R, est équivalent à cette force unique; etc.; etc.

C. *Forces ni parallèles ni concourantes.*

241. Un couple ne changeant absolument rien au mouvement de translation d'un solide, il en résulte qu'un solide, soumis à deux forces P et Q non situées dans le même plan, *prend un mouvement de translation* suivant la direction OR (fig. 87), résultante des forces

P et Q transportées, parallèlement à elles-mêmes, en un point O. Or, la force R donnerait évidemment au solide, en agissant seule, le même mouvement de translation que les forces P et Q agissant ensemble; donc la force R est équivalente à l'ensemble des forces P et Q, non dans un même plan. Au point de vue de la translation seule, deux forces non situées dans un même plan ont donc une résultante : mais il est évident que si le corps peut tourner, il faudra tenir compte du couple P — P, ou de son équivalent Q — Q (n° 225 à 228).

242. La décomposition d'une force en deux autres, dont les directions données ne soient ni parallèles ni concourantes avec cette force, est un problème qui se présente très-rarement, et n'est déterminé qu'autant que l'on donne le couple parallèle à l'une des directions, et représentant la tendance à la rotation.

§ III. *Relation de grandeur entre les forces composantes et leur résultante.*

243. Si nous nous reportons au n° 190, il est clair que la résultante de deux forces concourantes forme avec elles un triangle OPR : il y a donc entre ces trois forces les mêmes relations qu'entre les trois côtés d'un triangle (voir n° 141, 142 et 143, liv. I.)

244. La projection, sur une droite donnée, de la résultante de deux ou plusieurs forces concourantes est égale à la somme algébrique des projections, sur la même droite, de toutes les composantes (n° 146, liv. I.)

245. Les forces parallèles pouvant être assimilées à des forces concourantes, dont le point de concours est à

l'infini, il est clair que les deux composantes se projettent en vraies grandeurs sur la résultante ; donc celle-ci est égale à la somme ou à la différence des composantes (n⁰ˢ 203 et 204, liv. II). Tandis que la résultante de deux forces concourantes est toujours plus petite que la somme, et plus grande que la différence des deux composantes (n° 141, liv. 1.)

246. Il est évident *à fortiori* que la projection, sur une droite quelconque, de la résultante de forces parallèles, est égale à la somme algébrique des projections des composantes.

247. Si l'on se reporte au n° 225 (liv. II), on voit que la somme algébrique de deux forces ni concourantes ni parallèles, sur la direction de leur résultante de translation, est égale à cette résultante elle-même (fig. 89).

248. On peut donc, en s'appuyant sur les observations précédentes, poser ce principe : *si deux systèmes de forces sont équivalents, au point de vue de la translation, la somme algébrique des projections des diverses forces du premier système, sur une droite donnée, est égale à la somme des projections des forces du second système sur la même droite.* Ce principe simplifie l'étude des relations des forces, et nous l'appliquerons souvent.

CHAPITRE II.

Équivalence des forces appliquées à un solide, dans leur tendance à donner un mouvement de rotation.

§ I. — *Axiomes, définitions et généralités.*

249. Axiome. Une force, passant par l'axe de rota-

tion, ne peut tendre à produire ou à modifier le mouvement de rotation du solide considéré.

250. Deux mouvements de rotation, pour un même solide, sont identiques lorsque leurs vitesses angulaires sont égales et de même sens. Donc, deux forces sont équivalentes au point de vue de la rotation lorsqu'elles peuvent donner, au même solide, la même accélération de vitesse angulaire (n° 197, liv. I).

251. Si, par l'axe de rotation considéré, on fait passer un plan parallèle à la force F (fig. 89), puis que, d'un point de la droite, on mène une perpendiculaire sur ce plan, la longueur de cette droite, qui mesure la plus courte distance entre l'axe et la force, s'appelle le *bras de levier* de la force F par rapport à l'axe. Si deux forces sont parallèles et situées chacune d'un côté du plan, leurs bras de levier sont de sens opposés ; ce qu'on indique en donnant le signe ╾╂╾ à l'un d'eux et le signe — à l'autre.

252. Le produit d'une force F par son bras de levier r s'appelle le *moment* de cette force, et il peut être positif ou négatif, suivant les signes des facteurs F et r.

253. Une force qui n'agit qu'un instant sur un corps pouvant tourner autour d'un axe, lui donne ou tend à lui donner un mouvement de rotation dont l'accélération de vitesse dépend de l'intensité de la force motrice et de son bras de levier, de la masse du corps et du mode de répartition des points matériels qui le composent.

En considérant cette force, qui n'agit qu'un instant, comme perpendiculaire sur un rayon elle tend à donner un mouvement rectiligne perpendiculaire à ce rayon de rotation ; on voit aisément que les forces partielles (n° 170) sont parallèles à la force totale et que celle-ci est par suite égale à leur somme. Chaque point décrit un chemin circulaire par l'action de la force qui lui incombe, et ces chemins ou vitesses circulaires sont proportionnels aux rayons ou distances des points à l'axe, en vertu de la condition de solidité absolue

$$r : r' :: v : v' \text{ ou } (1) \ v = \omega \times r$$

si ω est la vitesse angulaire.

En outre, les forces partielles sont représentées par les quantités de mouvements des points sur lesquels elles agissent, on a donc $(2) \ f = m \times v$ et $(3) \ f' = m' \times v'$: en remplaçant dans (2) et (3) les vitesses v par leurs valeurs en fonction de la vitesse angulaire, on a

$$(2') \quad f = m \times \omega \times r \text{ et } (3') \ f' = m' \omega \times r'$$

or $F = f + f' + f'' +$ etc.

ou (4) $\quad F = \omega \times (m\,r + m'\,r' + m''\,r'' +$ etc.$)$

254. La quantité entre parenthèse est ce qu'on peut appeler la somme des moments des masses élémentaires.

Supposons une force F' agissant sur la masse totale concentrée en un seul point situé à une distance R, on aurait

$$(5) \quad F' = M \omega R$$

et pour que $F' = F$, il faut évidemment que les seconds membres des équations (4) et (5) soient égaux ou que l'on ait

$$(6) \quad \omega \times (m\,r + m'\,r' + m''\,r'' +$ etc.$) = \omega \times MR.$$

Ou, à cause du facteur commun

$$(6') \quad m\,r + m'\,r' + m''\,r'' +$ etc. $= MR$$

moment de la masse totale.

Autrement dit, dans le mouvement circulaire uniforme d'un solide, la somme des moments des masses partielles est égale à la masse totale multipliée par un rayon particulier que l'on peut appeler *rayon moyen*, et dont la grandeur dépend du mode de répartition de la masse dans le corps.

Nous appellerons MR, *le moment de la masse totale*, et R, le rayon moyen de gyration du solide considéré.

255. On conclut de ce qui précède que lorsqu'une force F agit sur un solide de masse M susceptible de tourner, tout se passe comme si cette force F agissait sur la masse M concentrée en un seul point distant de l'axe d'une grandeur R qui dépend de la forme du corps : la force F agissant un seul instant sur la masse M lui donnera un mouvement que l'on peut considérer à volonté comme rectiligne ou curviligne puisqu'il est infiniment petit. Donc, on aura (mouvement rectiligne de translation) $F = M \times V$. V étant la vitesse à une distance égale au rayon moyen R. Mais V vitesse réellement circulaire est égale à $V = \omega \times R$. Donc $F = M \times \omega \times R$ d'où $\omega = \dfrac{F}{R \times M}$. La vitesse angulaire ω, est la mesure de la rapidité du mouvement de rotation. Donc, si une force F agit sur un solide de masse M et d'un rayon moyen de gyration R, on peut déterminer tout d'abord la vitesse angulaire que la force peut produire.

256. Remarquons, pour établir l'analogie entre l'effet d'une force pour la translation et l'effet d'une force pour la rotation, que dans le premier cas on a

$$F = M \times V \text{ et dans le second } F = M \times \omega R$$

(2)   d'ou $V = \dfrac{F}{M}$ et (1) $\omega = \dfrac{F}{M} \times \dfrac{1}{R}$

R est le rayon moyen de gyration. C'est une quantité qui ne dépend que de la forme du solide et du mode de répartition de la matière dans ce solide.

257. Pour premier exemple de la détermination du rayon moyen de gyration d'un solide, supposons une *droite matérielle homogène*, ou tige rigide. Nous avons pour équation générale :

(1) $F = \omega \times (m\,r + m'\,r' + m''\,r'' +, \text{etc.})$

Puisque la tige est homogène, les masses des divers points sont égales. Prenons donc (fig. 89) sur une horizontale des distances égales représentant les masses à une certaine échelle; puis, en perpendiculaires, les rayons, r, r', r'', des points ayant pour masses m, m', m''; il est évident que les rayons croissent uniformément, ou que chacun d'eux dépasse le précédent d'une même quantité; donc, si l'on suppose la droite divisée en un nombre infini de molécules, il y aura un nombre infini de rayons compris entre la droite inclinée OR et l'axe. Les produits des masses très-petites m, m' égales, multipliées par leurs rayons r, r', sont ainsi représentées par les petits rectangles indiqués sur la figure : à la limite, quand les masses sont infiniment petites, tous ces rectangles remplissent la surface du triangle ORP, qui représente, à l'échelle convenue, la somme des produits :

$$m\,r + m'\,r'' + m''\,r' + \text{etc.}$$

Or ce triangle a pour base :

La somme des masses, ou la masse totale M de la droite matérielle;

Et, pour hauteur, la longueur du plus grand rayon R ; donc on a :

$$(2) \quad (m\,r + m'\,r' + m'\,r' +, \text{etc.}) = \frac{M \times R}{2}$$

Donc l'équation (1) devient :

$$(3) \qquad F = \frac{\omega \times M \times R}{2}$$

Mais si l'on considère la force F comme appliquée à un seul point de masse M, ayant le rayon moyen R', on aurait :

$$F = \omega M R', \text{ donc ici } R' \text{ ou rayon moyen} = \frac{R}{2}$$

Si la droite matérielle n'est pas prolongée jusqu'à l'axe, le triangle de la figure 89 est remplacé par un trapèze dont la première base représente le plus petit rayon r et la seconde, le rayon extrême R ; la hauteur représentant toujours la masse totale ; on a donc alors :

$$\text{pour rayon moyen } \frac{R + r}{2} \text{ d'où (4) } F = \omega M \times \frac{(R + r)}{2}$$

Donc, quand une tige rigide LN est soumise pendant un instant à une force F, cette force lui donne une vitesse angulaire ω déterminée par les équations (3) et (4) ; on a :

$$\omega = \frac{2.F}{M.R} \text{ pour une droite matérielle partant de l'axe.}$$

$$\omega = \frac{2\,F}{M\,(R + r)} \text{ pour une tige matérielle droite, n'atteignant pas l'axe.}$$

C'est-à-dire que *la vitesse angulaire due à l'impul-*

sion (action d'un instant) d'une force F, sur une tige rigide, est égale au double de l'intensité de cette force, divisé par le moment de la masse totale de la droite matérielle.

258. Supposons une tige rigide horizontale d'une longueur, l, et pouvant tourner autour d'un axe horizontal; le poids de cette tige agissant seul (un instant) pour produire le mouvement de rotation, dans l'équation générale de l'effet d'une force sur une droite,

$$(1) \qquad F = \frac{\omega \times M \times R}{2},$$

remplaçons F par le poids P de la droite, et R par la longueur l, nous aurons :

$$P = \frac{\omega \times M \times l}{2}. \text{ Or } P = M \times g; \text{ donc}$$

$$M \times g = \frac{\omega \times M \times l}{2}; \text{ M étant facteur commun aux}$$

deux nombres de l'équation, on peut le supprimer ; il reste :

$$g = \frac{\omega \times l}{2} \text{ d'où } \omega = \frac{2\,g}{l}$$

Pour déterminer la vitesse angulaire d'une droite tournant par le seul effet de son poids, il suffit donc de diviser le double du nombre connu g ($9^m 81$ pour la latitude de Paris) par la longueur, l, de la tige.

259. Soit, pour second exemple, une droite parallèle à l'axe ; ici tous les rayons sont égaux. Le rayon moyen est donc la distance même de la droite à l'axe, et l'on a :

$$F = \omega \, (mr + m'r + m''r + \text{etc.})$$

ou

$$F = \omega \times r \, (m + m' + m' + m''', \text{etc.})$$

ou, enfin

$$F = \omega \times r \times M$$

d'où $\omega = \dfrac{F}{r \times M}$

La vitesse angulaire produite est donc ici en raison directe de l'intensité de la force motrice et en raison inverse de la distance de la tige à l'axe et de la masse de cette tige.

260. *Troisième exemple :* Soit un arc de cercle tournant autour d'un axe passant par son centre et perpendiculaire à son plan ; tous les rayons sont égaux.

$$F = \omega \, (mr + m'r + m''r + m''\,r + , \text{etc.})$$

ou

$$F = \omega \times r \times M$$

comme pour une seule droite parallèle.

Donc, pour un anneau ou une ciconférence matérielle, on aurait encore :

$$F = \omega \, r \, M \quad \text{et par suite} \quad \omega = \dfrac{F}{r.\,M}$$

M, dans toutes ces formules, représentant la masse totale de la droite, de l'arc ou de la circonférence matérielle considérée.

261. Soit un cercle matériel susceptible de tourner autour d'un axe passant par son centre et perpendiculaire à son plan.

Nous pouvons considérer ce cercle comme composé d'un nombre infini de circonférences matérielles : la force totale se partagera entre toutes ces circonférences et les portions de forces f, f' , ... seront données par les formules (n° 253).

$$f = \omega\, r \times m$$

f étant la portion de la force totale afférente à l'une des circonférences élémentaires ; r, le rayon de cette circonférence et m sa masse.

La force totale F devra être égale à $f + f' + f' + \ldots\ldots$ ou

$$(1) \qquad F = \omega\,(mr + m'\,r' + m''\,r'' +, \text{etc.})$$

Or si d représente la masse de l'unité de longueur, la masse d'une circonférence est $2\,\pi \times r \times d$: si l'on met cette valeur dans l'équation (1), on aura :

$$F = \omega \times 2\,\pi \times d \times (r^2 + r'^2 + r''^2 +, \text{etc.})$$

La somme des carrés se trouverait par un moyen analogue à celui employé dans le n° 257 :

La somme $(r^2 + r'^2 + r''^2 +, \text{etc.})$, depuis O jusqu'à R

rayon extrême , serait égale à $\dfrac{R^3}{3}$ les rayons étant supposés en nombre infini entre O et R, donc

$$F = \frac{\omega \times 2\,\pi\, d \times R^3}{3}$$

or la masse totale du cercle M est $\pi\, R^2\, d$, donc

$$F = \omega \times M \times \frac{2\,R}{3}$$

le rayon moyen $= \dfrac{2\,R}{3}$

et, par suite, quand une force agit sur un *cercle matériel*, elle tend à donner à ce solide une vitesse angulaire, ω, dont la grandeur est donnée par la formule :

13.

$$\omega = \frac{3\,\overline{F}}{2\,R\,M}$$

262. Soit enfin un *cylindre matériel* : nous pouvons le considérer comme composé d'une infinité de cercles matériels égaux et par suite on aurait une somme de forces F égales :

$$F = \omega \times \frac{2\,\pi\,d\,R^5}{3} \; (\text{n}^\circ\,261).$$

Le nombre de ces forces est évidemment proportionnel à la longueur L du cylindre : la force totale agissant un instant sur le cylindre, aura donc pour expression :

$$F = \omega \times L \times \frac{2\,\pi\,d\,R^5}{3}$$

Mais $L \times \pi\,d\,R^2$ est égal à la masse M du cylindre ; on a donc : $F = \omega \times \dfrac{M \times 2\,\dot{R}}{3}$ comme pour un seul cercle ; mais M représente ici la masse totale du cylindre.

§ II. — *Mesure des effets des forces au point de vue de la rotation.*

263. Théorème. *Deux forces, dans leurs tendances à produire un mouvement de rotation autour d'un axe, sont entre elles comme leurs moments, par rapport à cet axe; c'est-à-dire que : les moments mesurent la valeur des forces au point de vue de la rotation.*

Soient, en effet, deux forces F et F' (fig. 90) appliquées aux points A et B d'un solide : soient ax, by les bras de levier de ces forces, par rapport à l'axe XY. Il résulte des conditions de solidité que, si un point quelconque est sollicité à tourner avec une certaine vitesse V, tous les autres points sont entraînés et prennent des vitesses, qui sont entre elles, comme les distances de ces points à l'axe (n° 196, liv. I) : en outre, la vitesse de rotation d'un solide est indiquée par la vitesse d'un point située à 1^m de l'axe. Prolongeons le bras de levier ax jusqu'en c, à 1^m de distance, et prenons sur yb un point c', situé aussi à 1^m de l'axe ; décomposons la force F en deux autres, qui lui soient parallèles et appliquées, l'une P en x et l'autre S en c ; nous aurons

$$(1) \qquad P \times ax = S \times ac. \quad \text{Or}, \quad ac = 1^m - ax.$$

$$(2) \qquad S + P = F.$$

Décomposons de même la force F' en deux forces qui lui soient parallèles, nous aurons

$$(3) \qquad P' \times by = S' \times bc', \quad \text{et} \quad bc' = by - 1^m.$$

$$(4) \qquad S' - P' = F'.$$

L'équation (1) peut se mettre sous la forme.

$(1')\ P \times ax = S \times (1^m - ax)$ ou $(P + S) \times ax = S$ et comme d'après l'équation (2 $P + S = F$, on a

$(1')\ S = F \times ax;$ on a, de même, en transformant l'équation (3)

$(3')\ P' \times by = S' \times (by - 1^m)$ ou $(S' - P') \times by = S';$ d'où (4) $S' = F' \times by$ car (4)$S' - P' = F'.$

Or, si les forces S et S', appliquées à 1^m de distance, donnent à la masse entière du solide une même accélération (qu'on peut supposer de translation, le mouvement de rotation durant infiniment peu), le solide prendrait, par l'action de chacune de ces forces, un même mouvement de rotation. Or, S et S' représentent les composantes de rotation des forces F et F' ; car les composantes P et P', passant par l'axe, ne peuvent produire aucun effet de rotation (n° 247) : donc les forces F et F', au point de vue de leurs tendances à la rotation, sont entre elles comme leurs composantes S et S' agissant à 1^m de l'axe ; mais celles-ci sont entre elles comme les produits $F \times ax$ et $F \times by$, c'est-à-dire, enfin, comme les moments des forces F et F'. Donc, *les actions des forces, au point de vue de la rotation, se mesurent par les moments de ces forces.*

264. Si les moments sont égaux, les forces sont équivalentes au point de vue de la rotation : donc, *pour que deux forces soient équivalentes au point de vue de la rotation, il faut qve leurs bras de levier* (ou leurs plus courtes distances à l'axe) *soient en rapport inverse de leurs intensités.*

265. Nous n'avons pas tenu compte de l'épaisseur du corps ; car, en vertu de ce qui a été dit sur le mouvement de rotation d'un solide, si un seul point tourne, tous les autres sont entraînés.

266. Lorsqu'une force agit sur un point d'un corps solide, ce point entraîne tous les autres, en vertu des attractions moléculaires qui naissent, la force tendant à séparer le point d'application des autres ; mais, en réalité, si une force F, appliquée au point A (fig. 92), peut donner, en raison de son bras de levier, une accélération de vitesse angulaire égale à W, à une masse M, chaque molécule du corps en rotation peut être considérée comme soumise à une force f, dont la grandeur dépend de la masse de la molécule et de son écartement de l'axe. C'est-à-dire que l'on doit avoir, en appelant m la masse de la molécule, r sa distance à l'axe, v sa vitesse, et ω la vitesse angulaire commune à tout le solide.

$$(1) \qquad v = \omega \times r \ (\text{n}^o \ 197, \ \text{liv. I}),$$

(2) $f \times r = q \times 1^m$ (n° 254, liv. II) : q étant la force qui, avec un bras de levier d'un mètre, donnerait à la molécule considérée une accélération de vitesse angulaire égale à ω. D'autre part, si l'on suppose un mouvement de rotation d'une durée infiniment petite, il peut être considéré comme mouvement rectiligne, et l'on a

(3) $\qquad q : m :: F : M$ (les deux forces f et F donnant à des masses différentes une même accélération de translation ω).

Si de l'équation (3) on tire la valeur de q, pour la mettre dans l'équation (2), on aura

$$(2') \qquad f \times r = \frac{F \times m}{M} \times 1^m \ \text{ou} \ \frac{f \times r}{m} = \frac{F \times 1}{M}.$$

On aurait pour un second point m', distant de r' de l'axe :

$$(4) \qquad f \times r' = \frac{F \times m'}{M} \times 1^m \ \text{ou} \ \frac{f \times r'}{m'} = \frac{F \times 1}{M};$$

et les seconds membres des équations (2') et (4) étant

égaux $\quad \dfrac{f \times r}{m} = \dfrac{f' \times r'}{m'} \ \text{ou} \ f \times r : f \times r' :. \ m : m'$.

Donc : *dans un solide quelconque en rotation, les moments des forces partielles sont proportionnels aux*

masses des molécules auxquelles ces forces sont appli-
quées. Nous aurons l'occasion d'appliquer utilement
cette remarque. Observons, en outre, que les masses
des molécules dépendent de la nature de la matière,
aux divers points du solide, et que les bras de leviers
des molécules dépendent de la forme géométrique du
solide.

§ III. — *Composition des forces tendant à faire tourner
un solide.*

267. Soient (fig. 93) deux forces F et F" appliquées
à un solide, pouvant tourner autour de l'axe XY ; supposons que ces forces tendent à faire tourner dans le
même sens. Si la force F agissait seule, elle tendrait à
donner au solide une accélération de vitesse angulaire
ω : cette variation se détermine en supposant que le
mouvement de rotation a lieu pendant une durée infiniment petite, ce qui permet de l'assimiler à un mouvement de translation ; puis on décompose la force F en
deux autres : l'une M, passant par l'axe ; et l'autre P,
passant à une distance d'un mètre. On a alors

$$(1) \quad p \times (1^m - OA) = M \times OA \text{ ou } p = OA \, (M \, p),$$

$$(2) \quad p' \times (1^m - OB) = M' \times OB \text{ ou } p' = OB \, (M' + p');$$

Et comme, $M + p = F$ et $M' + p' = F'$, il s'en suit
que l'on a

$$(1') \quad p = OA \times F$$
$$(2') \quad p' = OB \times F'$$

p est la force, qui appliquée en un point situé à 1^m.
lui donne une accélération de vitesse angulaire (assimilée un instant à une accélération de vitesse de trans-

lation) ω; d'autre part, la force p' donnerait, en agissant seule sur un point du corps, une accélération angulaire égale à ω': en vertu de l'axiome n° 39 (liv. 2), les deux forces p et p' agissant ensemble, leurs effets coexistent et par suite le solide de masse M prendra une accélération égale à $\omega + \omega'$.

268. Actuellement, supposons qu'une force R passant en X soit capable de donner à la masse entière du solide une accélération de vitesse angulaire $\Omega = \omega + \omega'$, nous pouvons considérer pour un instant que le mouvement de rotation est un mouvement de translation, d'une durée infiniment petite et décomposer la force R en deux autres passant, l'une M par l'axe et l'autre P à 1^m : on a alors

$$P \times (1^m - OX) = M \times OX \text{ ou } P = OX (M + P)$$

et comme $M + P = R$, on a

$$P = OX \times R$$

Mais P donne à une masse M une accélération de vitesse de translation Ω ; p, une accélération ω; et p', une accélération ω'. Ces trois forces agissant à la même distance sur la même masse sont comparables entre elles (n° 253, liv. II), on a ainsi, en comparant P à p,

$$(1)\ P : p :: \Omega : \omega$$

et en comparant ensemble p et p'.

$$(2)\ p : p' :: \omega : \omega', \text{ ou } (2')\ p + p' : p :: \omega + \omega' : \omega.$$

Mais si l'on compare les proportions (1) et (2) il est aisé de voir qu'elles ont respectivement trois termes égaux chacun à chacun : car $\Omega = \omega + \omega'$ par hypothèse : donc les quatrièmes termes sont égaux : c'est-à-dire que

$$P = p + p'.$$

$$\text{Or } P = R \times O\,X, \quad p = F \times O\,A, \quad p' = F' \times O\,B :$$
$$\text{donc } R \times O\,X = F \times O\,A \; F' \times O\,B.$$

R peut être considérée comme résultante des forces F et F' puisqu'elle produit le même effet de rotation : or R × O X est le moment de cette résultante. Donc *le moment de la résultante de deux forces tendant à faire tourner dans le même sens est égal à la somme des moments de ces composantes.*

Remarquons que toute force ayant un moment égal à la somme des moments des composantes sera équivalente au point de vue de la rotation à l'ensemble des deux composantes : par suite on peut trouver autant de résultantes que l'on peut le désirer.

269. Soient (fig. 95) deux forces F et F' tendant à faire tourner en sens contraire : on verrait, en procédant, comme au n° 257 que la variation de vitesse résultante est égale à la différence des variations de vitesse composantes et, par suite, la force R, capable de remplacer les deux forces composantes, aurait un moment égal à la différence des moments des composantes.

270. Enfin, si l'on suppose un nombre quelconque de forces appliquées à un solide, on peut les remplacer par une seule dont le moment soit égal à la différence existant entre la somme des moments des forces tendant à faire tourner dans un sens et celle des moments des forces tendant à faire tourner le corps dans le sens contraire.

271. Soit un couple P — P, (fig. 96) : supposons pour un instant que le corps soit assujetti à tourner autour d'un axe situé en O milieu de la distance A B; nous aurons deux forces tendant à faire tourner dans le même sens ; par suite la force équivalente à ce couple aurait un moment égal à la somme des deux moments égaux $P \times 1/2\,AB + P \times 1/2\,AB.$ — Ou enfin $P \times AB.$ La force $2\,P$ appliquée en A serait donc équivalente au couple P-P et, en général, toute force ayant un moment égal à $P \times A\,B$ sera équivalente au couple P —P.

La mesure de l'effet d'un couple est donc son moment $2\,P \times 1/2\,AB$ ou $P \times AB.$ (*Fig.* 97).

Si (*fig.* 98), au lieu de supposer l'axe de rotation au point milieu O, on eût considéré un axe passant en X, par exemple, on eût obtenu le même résultat ; car les moments des forces P et — P seraient $P \times A\,X$ et — P $\times B\,X$ et, à cause du facteur commun, la somme de ces moments serait $P\,(A\,B + B \times)$ ou $P \times A\,X$, comme ci-dessus.

On peut donc toujours remplacer un couple par une force qui lui soit équivalente au point de vue de la rotation.

272. Pour composer deux ou plusieurs couples, dont l'axe de rotation serait commun, il suffira de les remplacer d'abord par des forces équivalentes ; puis de composer ces forces suivant les règles des nᵒˢ 257 et suivants. Le moment de la force ou du couple résultant sera égal à la somme algébrique des moments des composantes.

§ IV. — *Décomposition d'une force au point de vue de la rotation.*

273. Soit (fig. 99) une force R. appliquée en X avec un bras de levier OX ; on peut trouver deux forces équivalentes à cette force R au point de vue de la rotation :

en effet, soient deux forces dont la somme ou la différence des moments soit égale au moment $R \times OX$, il est évident que ces deux forces agissant simultanément donneraient au solide la même variation de vitesse angulaire que la force R agissant seule (n° 257).

Appelons x et y les deux composantes inconnues; r et r' leurs bras de leviers respectifs : on doit avoir

$$x \times r + y \times r' = R \times OX.$$

Une seule équation pour quatre inconnues : il faut donc pour que le problème soit déterminé que l'on donne trois des quatre quantités x, r, y et r'. — Alors le problème est très-facile à résoudre soit algébriquement, soit géométriquement.

274. On peut décomposer, par exemple, une force R à bras de levier OX, en deux qui soient égales et aient un bras de levier donné : soient x l'une des forces et r le bras de levier : on doit avoir

$$R \times OX = 2 \, (x \times r) = 2 \times r \times x$$

d'où $x = \dfrac{R \times OX}{2 \times r}$

Une force peut donc toujours être remplacée par un couple, d'un bras de levier donné ou par un couple dont l'intensité des forces serait donnée.

275. On peut aussi décomposer un couple en deux ou plusieurs, etc., etc.

§ V. — *Relation de grandeur.*

276. En résumé, lorsqu'il s'agit de composer ou de décomposer des forces ou des couples au point de vue de la rotation autour d'un seul axe, la seule relation à

laquelle doivent satisfaire les composantes et leur résultante est celle-ci :

Le moment de la résultante est égal à la somme algébrique des moments des composantes. Principe très-important.

SECTION III. — DES FORCES QUI AGISSENT SUR UN SOLIDE
EU ÉGARD AU MOUVEMENT DONT IL EST ANIMÉ.

CHAPITRE Ier.

Détermination de la résultante des forces qui agissent
sur un solide dont le mouvement est connu.

277. Dans les n°s 167 à 246, nous avons donné les règles de la détermination du mouvement résultant de l'action d'une force et de deux ou plusieurs forces, agissant simultanément, sur un corps solide libre. — Nous devons, actuellement, résoudre le problème inverse : *Le mouvement d'un solide étant connu, déterminer la force unique, ou le système de forces capables de donner ce mouvement.* Un solide pouvant avoir des mouvements de translation et de rotation très-différents, nous n'étudierons que les cas principaux.

§ I. — Solide en mouvement de translation
rectiligne uniforme.

278. Lorsqu'un solide est animé d'un mouvement de translation rectiligne et uniforme, chacun de ses points conserve pendant toute la durée de l'observation, une même vitesse V (fig. 100) ; donc si nous considérons un seul de ces points, *m*, par exemple, aucune force n'agit sur lui, ou les forces qui agissent ont une résultante nulle. En effet si une force, quelque petite qu'elle soit, agissait sur le point m suivant MX, par exemple, elle lui donnerait une accélération de vitesse suivant cette direction, et tous les autres points seraient entraînés dans ce mouvement, ce qui est contre l'hypothèse. Si les forces partielles nécesairement parallèles appliquées à chaque point sont nulles ou ont des résultantes nulles, il est clair que les forces totales qui agissent sur le solide sont nulles (sommes de forces nulles) ou ont une résultante nulle (sommes de résultantes nulles). On dit alors que le solide est en équilibre dynamique : — les forces totales qui agissent sur le solide entier se détruisent, de même que les forces partielles qui agissent sur chacun des points.

§ II. — *Solide en mouvement de translation rectiligne et varié.*

279. Si le solide a un mouvement de translation rectiligne uniformément varié (fig. 101), c'est que chaque point m est soumis à une force r d'intensité constante telle que l'on ait $r : w :: p : g$; ou $r = \dfrac{w \times p}{g}$ ou $r = w \times m$, ou que le corps entier de masse M est soumis à une force R telle que l'on ait $R = w \times M$. — En effet, ne considérons d'abord qu'un seul point de masse m : les forces qui agissent sur lui ont une résultante, r, agissant suivant la direction et le sens de la variation de vitesse, w, du mouvement varié commun à tous les points (n° 82, liv. 2) et l'on a :

$$(1)\ r = m \times w.$$

Pour un second point m', ayant aussi la même accélération de vitesse, on aurait :

(2) $r = m' \times w$ et de même pour tous les points : or toutes ces forces r, r', r'', etc., sont parallèles à la direction même du mouvement commun : donc, leur résultante est égale à leur somme.

$$R = r + r' + r'' + \text{etc.}$$

ou, en mettant à la place de r, r', r'', etc., leurs valeurs (1) et (2), on a :

$$R = m \times w + m' \times w + \text{etc.}$$

ou, à cause du facteur commun, w :

$$R = (m + m' + m'' + \text{etc.}) \times w.$$

Mais la masse totale M du solide est évidemment égale à $m + m' + m'' + $ etc., donc enfin :

$$R = M \times w$$

Or, si l'on suppose qu'une force appliquée à une masse M, puisse lui donner une accélération w, cette force est précisément égale au produit $M \times w$: donc, *lorsqu'un corps solide est animé d'un mouvement de translation rectiligne et varié, c'est que chaque point est soumis à une force égale au produit de la masse de ce point par la variation de vitesse commune : cette force est de même direction et de même sens que la variation, et le corps entier peut être considéré comme soumis à une force unique, R, de même direction et de même sens que la variation de vitesse, et égale à la résultante des actions partielles ou au produit de la masse totale par la variation de vitesse.*

280. Si la variation de vitesse est négative, c'est-à-dire d'un sens opposé à celui que l'on est convenu de

considérer comme sens du mouvement positif (utile), le théorème précédent est applicable de tous points : seulement, on pourra dire que la force, à laquelle le corps est soumis, étant dirigée suivant le sens négatif, est négative *(retardatrice* ou *résistante)* ce qui indique seulement une force dont le sens d'action est opposé à celui des forces dites *motrices* (No 11, livre 2).

281. Si le corps solide est animé d'un mouvement de translation rectiligne et varié d'une manière quelconque, c'est que le mobile est soumis à une force (unique ou résultante de plusieurs) dont l'intensité varie suivant la même loi que la variation de vitesse du mouvement (No 85, liv. 2).

§ III. — *Solide en mouvement de rotation circulaire uniforme.*

282. Soit (fig. 102) un solide conservant pendant tout le temps considéré un mouvement de rotation uniforme autour de l'axe X X. Considérons d'abord un seul point *m*, distant de l'axe du rayon *r* ; ce point conservant un mouvement circulaire uniforme d'une vitesse *r*, est soumis à une seule force, *c*, dite *centripète*, d'intensité constante (nos 86 à 94 incl. liv. 2).

$$(1)\ c = \frac{m \times v^2}{r}$$

mais la vitesse *v* du point *m* est dans un rapport connu avec la vitesse *angulaire* ω : on a, en effet, (no 199, liv. 1).

$$(2)\ v = \omega \times r$$

mettant cette valeur de *v* dans l'équation (1), elle devient

$$(1)\quad c = \frac{m \times \omega^2 \times r^2}{r} = m \times \omega^2 \times r.$$

pour un autre point m' du solide, on aurait, de même,

$c' = m' \times \omega^2 \times r'$, et ainsi de suite.

On pourrait donc déterminer la force *centripète* afférente à chaque point; mais il est clair que cette force dépendant du rayon r et de la masse m, on ne peut obtenir la résultante totale qu'autant que l'on connaît la *forme* du corps (ce qui donne r , r', r"), la nature et le mode de répartition de la matière dans ce corps, ce qui donne la masse. Examinons les cas les plus simples et les plus utiles.

283. Soit (fig. 103) une ligne matérielle L N formée de points également pesants et également distants, ce qui réprésente une tige de substance homogène d'un équarrissage infiniment petit.

Il peut se présenter quatre cas : 1° la ligne matérielle prolongée rencontre l'axe normalement; 2° la ligne matérielle rencontre l'axe obliquement; 3° la ligne matérielle est parallèle à l'axe; 4° enfin, la ligne matérielle et l'axe ne sont pas dans le même plan.

Premier cas (fig. 103.) — Chaque point m, de la ligne matérielle perpendiculaire à l'axe, est soumis à une force centripète c, dirigée suivant le rayon m O, et l'on a

$$(1)\quad c = m \times r \times \omega^2 ; - c' = m' \times r' \times \omega^2 ;$$
$$- c' = m'' \times r'' \, \omega^2 \text{ ,etc.,}$$

or, ces diverses forces étant toutes de même direction et de même sens m o , elles ont une résultante C égale à leur somme

$$C = c + c' + c'' + \text{etc.},$$

$$\text{ou } C = (m \times r \times \omega^2 + (m' \times r' \times \omega^2) + (m'' \times r'' \times \omega^2)$$
$$+ \text{etc.},$$

et le facteur ω^2 étant commun, on peut écrire

$$(2) \qquad C = (m\, r + m'\, r' + m''\, r'' + \text{etc.}) \times \omega^2$$

Nous avons supposé que la tige ou droite matérielle était homogène et que la matière y était uniformément répartie; donc $m = m' = m'' = \text{etc.}$, et par suite, nous pouvons déterminer la valeur de la somme des produits $m \times r$, $m' \times r'$, etc., par une intégration graphique.

Représentons (fig. 104) les masses égales m, m', m'', etc., par des longueurs égales oa, ab, bc, etc. prises sur l'axe horizontal O X (n° 58, liv. 1); représentons de même les rayons, à une certaine échelle, par les longueurs verticales r, r', r'', r''', etc., le rectangle $q\, r\, a\, o$ représente le produit $m \times r$; — le rectangle $r\, r'\, b\, a$ représente le produit $m' \times r'$ et ainsi de suite : donc, si les masses m, m', m'' ont été prises plus petites que toute masse imaginable, les rectangles successifs ont des largeurs infiniment petites et leur somme est, en réalité, la surface comprise entre la ligne $q\, r\, r'\ldots z$, la perpendiculaire Z X et les deux axes X O et O Q :

Dans le cas dont il s'agit actuellement les rayons r, r', r'' croissent d'une même petite quantité s : c'est-à-dire que $r + s = r'$; $r' + s = r''$; $r'' + s = r'''$, etc., cela résulte de l'égale répartition de la matière ou des points matériels dans la longueur totale de la droite matérielle: donc, ici, la ligne-loi q, r,.... z est une droite et par suite la surface q O X Z, qui représente la somme $m\, r + m'\, r' + m''\, r''$, etc., est un trapèze dont les bases sont le premier rayon L O, et le dernier, N O; et dont la hauteur O X représente la somme des masses partielles m, m', m", ou enfin la masse totale de la droite matérielle; masse évidemment proportionnelle à la longueur de la droite L N. Donc l'équation (2) se transforme ainsi en faisant $NO = R$ et $LO = r$, (M représentant la masse totale de la droite matérielle).

$$C = \frac{R + r}{2} \times M \times \omega^2$$

Si l'on représente par d la masse de l'unité de longueur de la droite, on aura $M = d \times (R - r)$ d'où

$$C = \frac{R^2 - r^2}{2} \omega^2$$

Telle est la valeur de la force centripète totale dans ce premier cas.

Remarquons que si la droite matérielle commence à l'axe, le premier rayon est nul, et par suite le trapèze ci-dessus se réduit à un triangle : alors on a pour valeur de la force centripète totale,

$$C = \frac{R}{2} \times M \times \omega^2 \text{ ou } C = \frac{R^2}{2} \times d \times \omega^2,$$

si l'on représente par d la masse de l'unité de longueur de la droite matérielle.

284. Si la *droite matérielle* L N (fig. 105) rencontre encore l'axe, mais obliquement, chaque force centripète partielle a la même valeur.

$$c = m \times r \times \omega^2 \text{ (273)}$$

mais le rayon r est u O' , projection du rayon oblique m O sur un plan normal à l'axe. Tout se passe alors comme si la matière totale M au lieu d'être contenue dans la ligne oblique à l'axe était renfermée dans sa projection N' L', et on a pour valeur de la force centripète (n° 273),

$$C = \frac{R \text{ projeté} + r \text{ projeté}}{2} \times M \times \omega^2$$

285. Dans le 3ᵉ cas (fig. 106), la droite matérielle étant parallèle à l'axe, les rayons R et r sont égaux et ils se projettent en vraie grandeur sur un plan normal à l'axe; on a donc, dans ce 3ᵉ cas :

$$C = \frac{R + R}{2} \times M \times \omega^2 ; \text{ ou } C = R \times M \times \omega^2 ; \text{ ou}$$

enfin $C = R \times L \times d \times \omega^2$.

286. Dans le cas (4ᵉ) où la droite matérielle et l'axe ne sont pas dans le même plan (fig. 107), les rayons de rotation de chaque point sont obtenus en projetant ces divers points de la droite matérielle sur un plan normal à l'axe; et, par suite, ce cas revient à celui d'une droite matérielle de longueur égale à la projection, de la droite matérielle considérée, sur un plan normal à l'axe : on a donc aussi (n° 275) :

$$C = \frac{R \text{ projeté} + r \text{ projeté}}{2} \times M \times \omega^2$$

287. Supposons actuellement (fig. 108) un anneau ho-

mogène tournant normalement autour d'un axe passant par son centre. Chaque point est soumis à une force centripète dont l'intensité est :

$$c = m \times \omega^2 \times r \ (\text{n}^\text{o}\ 272),$$

Ces points ayant le même rayon et la même masse, la force centripète, totale, est nulle; car en menant une infinité de diamètres, les points extrêmes sont soumis à des forces évidemment opposées et égales.

288. Si, au lieu d'un anneau complet, on considère seulement un arc matériel, d'une grandeur, LN, connue (fig. 109), on aura pour chaque point une force centripète $c = m \times \omega^2 \times r$, et la force centripète totale sera égale évidemment à la projection de toutes ces forces partielles sur le rayon passant par le milieu de l'axe : et ce rayon sera la direction de la résultante des forces centripètes. On peut déterminer, par une intégration graphique, la valeur de la résultante. Soient en effet Oa, Ob, etc., les projections des rayons OL, O1, O2 (faisant entre eux des angles égaux et très-petits), etc., sur le rayon médian OZ.

Prenons, sur une droite horizontale (fig.110), des longueurs égales représentant les petits arcs égaux L1,12, 23, etc.; puis, en perpendiculaires, les projections Oa, Ob, Oc, on aura un courbe représentant la loi d'accroissement des projections de ces rayons, et la surface comprise entre cette courbe et les axes donnera la somme des valeurs $(m \times r)$, $(m' \times r')$ projetées, etc. On en déduirait facilement la grandeur de la force centripète résultante. Soit LN = un tiers de circonférence(fig.109); si l'arc eût été redressé suivant L' N', la force centripète totale eût eu pour expression, (nᵒ 296, liv. 2),

$$C = R \times M \times \omega^2$$

Dans le cas d'un arc de cercle, au lieu du produit RM représenté par le rectangle LL' NN' (fig. 110), nous n'avons plus que la somme des projections des rayons multipliée par la masse élémentaire, ou la somme des trapèzes Lo 1 a, 12 ba, etc., et dans le cas particulier d'un arc de 120 degrés la surface L 1 2 ....N... ba est à celle du rectangle L L' N' N, comme O, 402 : 1,000; donc pour la force centripète totale d'un arc de 120°, on a :

$$C = 0,402 \times R.\, M \times \omega^2.$$

Le coefficient 0,402 ne convient qu'à un arc de 120°.

289. Pour tout autre arc, on aurait un coefficient différent facile à calculer au moyen des formules trigonométriques. Voici ces coefficients :

arcs	coefficients	arcs	coefficients
360	0,000	180	0,468
330	0,009	250	0,450
300	0,066	120	0,402
270	0,140	90	0,327
240	0,238	60	0,230
210	0,349	30	0,119

290. En supposant que ces droites et arcs matériels (nᵒ 274 à 279) ont une épaisseur et une largeur appréciables mais très-petites, et en se donnant la densité de la matière, on peut calculer la masse M. Soient en effet D la densité, E la longueur de la droite ou de l'arc développé, e l'épaisseur et la largeur, on aura :

$l \times e \times e =$ volume de la ligne matérielle,

$l \times e \times e \times D =$ poids de la ligne matérielle,

$$\frac{l \times e \times e \times D}{g} = M,\ \text{masse de la ligne matérielle.}$$

Cette valeur de M peut être mise dans les diverses formules précédentes.

291. Soit (fig. 111) un secteur de cercle matériel, homogène dans toute son étendue, tournant autour d'un axe, passant par son sommet et perpendiculaire à son plan. On peut considérer ce secteur comme composé d'une infinité d'arcs d'un même nombre de degrés, mais de diamètres croissant depuis 0 jusqu'au rayon extrême. Or, pour un seul arc, d'un certain nombre de degrés, n, on a

$$C = K \times R \times M \times \omega^2$$

K étant un coefficient dépendant du nombre de degrés et variant entre 0 et 0,468 (n° 279). Supposons le secteur composé de 1,000 arcs de 120 degrés; les rayons r, r', r", r''', etc., étant successivement r, $r' = r + s$, $r'' = r + 2s$, $r'' = r + 3s$, etc. Jusqu'à $r^n = r + ns = R.$ — Tous ces arcs ayant le même nombre de degrés, le coefficient k reste le même et l'on a alors pour expression de la force centripète de chaque arc :

$$c = k \times r \times m \times \omega^2$$
$$c' = k \times r' \times m' \times \omega^2$$
$$c'' = k \times r'' \times m'' \times \omega^2$$

Et la résultante de ces diverses forces centripètes est évidemment égale à leur somme, car toutes ces forces sont dirigées suivant l'axe médian du secteur. Donc la force centripète du secteur est :

14.

(1) $C = k \times \omega^2 \times (r\,m + r'\,m' + r''\,m'' + \ldots r_n\,m_n)$

Or les masses m, m' m' ... sont évidemment proportionnelles aux longueurs des arcs et par suite aux rayons; on a donc, en appelant d' la masse d'un arc de 120 degrés et d'un mètre de rayon :

$$m : d' :: r : 1^m \text{ d'où } m = d' \times r$$
$$m' : d' :: r' : 1^m \text{ d'où } m' = d' \times r' \ldots \text{ Alors}$$

en remplaçant dans l'équation (1), m, m', m', etc., par leurs valeurs $d' \times r$, $d' \times r'$, $d' \times r''$, etc., on aura :

(1') $C = k \times \omega^2 \times (r\,d'\,r + r'\,d'\,r' + r''\,d'\,r'' + R\,d'\,R)$

ou, en mettant en vue le facteur commun, d' :

(1') $C = k \times d' \times \omega^2 \times (r^2 + r'^2 + r''^2 +, \text{ etc.}, + R^2)$

La somme des carrés r^2, r , r''^2, etc., R^2, s'obtiendrait par une intégration graphique analogue à celle du n° 257; elle est égale à $\dfrac{R^3}{3}$: donc l'équation (1') devient enfin :

$$(2)\quad C = \frac{k\,d' \times \omega^2 \times R^3}{3}$$

Les coefficients k des secteurs sont évidemment les mêmes que pour les arcs du même nombre de degrés (n° 279).

292. Soit un prisme ayant pour base un secteur : on peut le considérer comme composé d'une infinité de secteurs matériels, et le nombre de ces secteurs étant évidemment proportionnel à la longueur L du prisme, on aurait pour l'expression de la force centripète d'un tel prisme

$$C = \frac{k\, d' \times L \times \omega^2 \times R^3}{3.}$$

293. Si la base du prisme est un cercle entier, le coefficient k (n° 279) est nul, donc la force centripète représentée par l'équation (2) (n° 281) serait aussi nulle. Par suite, la force centripète totale d'un *cylindre* tournant autour de son axe, est nulle.

Il en serait évidemment de même pour un *cône* tournant autour de son axe.

294. Dans un corps solide en rotation, considérons deux points voisins situés sur un même rayon, le point le plus éloigné m (fig. 112) est soumis à une force *centripète* d'une intensité qui dépend de sa distance à l'axe, de sa masse et de sa vitesse ; or, puisque ce point n'obéit pas à l'action de la force centripète et ne se précipite pas vers le centre, c'est que le point voisin m' réagit sur lui avec une intensité précisément égale à celle de la force centripète du point m. Donc chaque point d'un corps en rotation est soumis à deux forces égales et directement opposées : l'une $C\,p$ est appelée force centripète, et son opposée $C\,f$, force centrifuge : si la vitesse croît constamment, les intensités de ces forces croissent très-rapidement, et il arrive un moment où la force centripète et centrifuge dépassent chacune la puissance attractive des molécules : alors deux molécules voisines tendent à s'écarter, et si l'écartement commence, l'attraction diminue de plus en plus, et par suite il y a écartement indéfini des molécules ou rupture du corps.

§ IV. — *Solide en mouvement de rotation circulaire et varié.*

295. Lorsqu'un corps solide est animé d'un mouvement de rotation circulaire varié, chaque point m (fig. 113) est animé d'une variation de vitesse constante ou non, w, et les variations de vitesse des divers points sont proportionnelles aux distances de ces points à l'axe : c'est-à-dire que l'on a $w : w' : w'' :: r : r' : r''$, au même instant.

Et si l'on appelle ω la variation de vitesse du point distant d'un mètre de l'axe, on a $w : \omega :: r : 1^m$, d'où $w = \omega \times r$, en général.

Chaque point m est donc soumis à une force centripète c dont nous avons déterminé ci-dessus la valeur, et à une force tangentielle t (n° 138 à 143, liv. 2) proportionnelle à la variation de la vitesse et à la masse du point. On a donc en supposant le mouvement uniformément varié :

$$(1) \quad t = m \times w$$

$$(2) \quad c = \frac{m\,v^2}{r}$$

v étant la vitesse du point m au moment où l'on observe le mouvement. La force centripète croît continuellement, au fur et à mesure que le mouvement accéléré continue ; seule, la force tangentielle reste constante. Or, $m\,c$ et $m\,t$ sont toujours perpendiculaires l'une sur l'autre ; comme c croît constamment, il faut, pour que la force $m\,t$ reste constante, que la résultante variable $m\,r$ des forces tangentielle (constante) et centripète (croissante) fasse avec le rayon un angle de plus en plus petit et tel qu'on ait toujours $r^2 - c^2 = t^2$ c'est-à-dire que la différence entre le carré de la résultante oblique et le carré de la force centripète est une constante.

296. Lorsque le mouvement de rotation circulaire est varié d'une manière quelconque, la force tangentielle varie de la même manière, et la force centripète croît ou décroît comme les carrés des vitesses aux divers instants.

§ V. — *Solide animé simultanément d'un mouvement de rotation uniforme et d'un mouvement de translation uniforme.*

297. Le mouvement résultant, ou réel, de chaque point d'un solide animé simultanément d'un mouvement de rotation et d'un mouvement de translation uniformes, est varié et a pour trajectoire une *cycloïde* dont la circonférence génératrice a pour rayon la distance du point mobile à l'axe autour duquel il tourne (*fig.* 114). La force à laquelle chaque point est soumis est une force variable d'intensité et de direction, que l'on ne peut déterminer qu'autant que l'on connaît la forme du corps, la répartition de la matière en chaque point, etc., etc.

298. Supposons le cas le plus simple. Un anneau (fig. 115) tournant autour d'un axe passant par son centre et se transportant dans l'espace, parallèlement à lui-même, d'un mouvement rectiligne uniforme. Chaque point A de l'anneau est soumis à deux mouvements, circulaire et rectiligne uniformes, de même vi-

tesse, qui, composés ensemble, (nº 147, liv. 1), donnent pour résultante une trajectoire *cycloïde ordinaire*, et les espaces parcourus sur cette trajectoire croissent comme les nombres 3.65, 15.16, 33.95, 58.84, 89.08, 123.67, 161.96, 200.45, — si l'on fait la loi des espaces d'après ces chiffres (fig. 116); puis, qu'on détermine les vitesses d'après cette courbe et qu'on fasse la loi des vitesses (fig. 117), puis la loi des variations de vitesse (fig. 118), etc., etc. On en conclut que le point A est soumis à une force de direction variable et qui varie suivant la loi périodique représentée par la fig. 119.

299. On peut supposer la trajectoire cycloïde décomposée à chaque instant en deux mouvements l'un parallèle au mouvement de translation OX, et l'autre, OY perpendiculaire. Ces deux mouvements sont variés ; les espaces horizontaux croissent comme les nombres 1, 6.8, 24.8, 56, 102.6, 163, 236, 312.7, 389.4, 462.4, 522.8, 589.4, 620.6, 638.6 et 644.4, pour recommencer ensuite une période semblable. Dans la première moitié d'une période on a, à très-peu près, la formule

$$(1)\ e = \frac{w \times t^{2 \cdot 84}}{2.84}$$

C'est-à-dire que la force composante horizontale croît, à très-peu près, proportionnellement au temps, quoique un peu moins vite. Car si la force horizontale croissait proportionnellement au temps, on aurait

$$(2)\ e = \frac{w \times t^3}{3}$$

Dans ces deux formules, e représente l'espace ; w la *variation de variation de vitesse* (n° 92, liv. 1), et t le temps exprimé en secondes à partir du commencement de la période (le point A étant sur l'horizontale inférieure).

Les espaces composants, verticaux, croissent comme les nombres 3.6, 15, 30.8, 47.5, 71.8, 82.9, 93.7 ; puis, suivant la même loi, mais de sens contraire et d'après les rapports des espaces, la composante verticale est une force qui décroît : car si elle était constante, les espaces croîtraient comme les nombres 3.6, 14.4, 32.4, 57.6, 90, 129.6, 176, 4, 230.4. Les courbes (fig. 118, 119, 120 et 121 indiquent la loi des espaces, vitesses, variations de vitesse, et enfin, variations de la force verticale.

300. On peut supposer le cas plus compliqué de solides tournant uniformément en avançant dans l'espace avec une vitesse plus grande ou plus petite que la vitesse de rotation. La manière de procéder serait absolument la même. Mais bien qu'on puisse faire quelques applications des formules que nous trouverions, elles sont trop compliquées pour que nous nous y arrêtions.

301. Cette remarque s'applique, *a fortiori*, aux cas de solides tournant et avançant dans l'espace avec des vitesses variant à chaque instant. En outre, les phénomènes naturels ou les mouvements des machines ne présentent pas, en général, ces cas difficiles.

CHAPITRE II.

Systèmes divers de forces pouvant donner un même mouvement.

302. Dans la section III tout entière (nᵒˢ 268 à 292 excl.), nous avons cherché à résoudre ce problème: *déterminer la résultante des forces qui agissent sur un solide dont le mouvement est connu:* mais il convient souvent de chercher des composantes de directions déterminées qui puissent remplacer cette résultante. Or, il est évident que l'on peut trouver, autant qu'on voudra, de systèmes de forces équivalents à cette résultante. Nous n'avons donc qu'à renvoyer le lecteur aux paragraphes relatifs à l'équivalence des systèmes de forces appliquées à un solide. (Sect. II, nᵒˢ 231 à 267 incl.) Mais pour fixer les idées, nous dirons quelques mots des cas les plus simples.

303. Soit un solide en mouvement de translation rectiligne uniforme : nous avons prouvé (nᵒ 269) qu'alors ce solide n'est soumis à aucune force ou que les forces qui agissent sur lui ont une résultante nulle. Donc on peut supposer qu'un solide en mouvement de translation rectiligne uniforme est soumis à un système de deux ou plusieurs forces à la seule condition que la résultante de ces forces soit nulle :

Voici quelques systèmes de forces satisfaisant à cette condition :

1ᵒ Deux forces égales et directement opposées (fig. 122); 2ᵒ Trois forces situées dans le même plan, chacune d'elles étant égale et directement opposée à la résultante des deux autres (fig. 123); etc., etc.

304. Soit un solide en mouvement uniforme de rotation : d'après les n°s 273 à 283, la résultante des forces qui agissent est une force *centripète* dont la grandeur dépend de la masse et de la forme du corps, et de sa vitesse. Or, tout système de forces donnant la même résultante pourra remplacer cette force unique. Ainsi, par exemple, soit une tige matérielle A B (fig. 124), perpendiculaire à l'axe de rotation. Section de la tige, un millimètre carré ; volume d'un point, un millimètre cube ; poids de ce point, 7 milligrammes ; longueur de la droite, 1,000 millimètres ; nombre de points 1,000, vitesse angulaire 1^m 000. La force centripète totale est égale à 0 kilog. 356 gr. 5., car on a (N° 274).

$$C = m\,\omega^2\,r + m\,\omega^2\,r' + m\,\omega^2\,r'' + \text{etc.}$$

C étant la force centripète totale, *m* la masse d'un des mille points composant la tige ; r, r', r', etc., distances des divers points à l'axe et ω la vitesse angulaire.

En mettant en place de *m* et de r, r', r'' leurs valeurs en mètres et en kilogrammes, on trouve C = 0 kilog. 356 grammes 5.

Cette force centripète est la somme des forces centripètes afférentes aux divers points. Mais nous avons fait remarquer que si un des points *m* d'un solide en rotation est soumis à une force centripète, *c*, le point voisin *n* du côté de l'axe, réagit sur lui avec une force égale (chaleur) opposée, appelée force centrifuge, et le point *p*, voisin de m, du côté extérieur réagit avec une force (attraction) égale et opposée à la force centrifuge. La somme des forces centrifuges est donc égale à celle des forces centripètes et alors la tige en rotation, A B (fig. 124), peut être considérée comme soumise à une

15

seule force C, ou à trois forces C, $+$ C et $-$ C, où à tout autre système équivalent (fig. 125 et 126), c'est-à-dire ayant toujours pour résultante la force *centripète* C.

305. Soit un solide en mouvement combiné de translation rectiligne et de rotation circulaire uniformes. D'après ce que nous avons dit (n° 286), la résultante est variable en direction et en grandeur. Mais on peut évidemment supposer appliqués à ce solide des systèmes quelconques de forces ayant chacun une résultante nulle. De plus longues explications ne pourraient être que des répétitions de ce qui précède.

FIN DU LIVRE DEUXIÈME.

TABLE ANALYTIQUE DES MATIÈRES

MÉCANIQUE GÉNÉRALE

NOTIONS DE MÉCANIQUE RATIONELLE

LIVRE II. — Des Forces d'après leurs effets.

Définitions. — 1. Ce qu'on entend par force en général. — 2. Force motrice. — 3. Force résistante. — 4. Une même force peut être tour à tour mouvante ou résistante. — 5. Forces de traction, tension, pression, etc.; toutes sont comparables entre elles.—6. Remarque sur la définition générale d'une force; son extension au cas où l'effet de la force n'est pas appréciable. — 7. Des quantités nécessaires et suffisantes à la détermination complète d'une force au point de vue mécanique, dans le cas d'une force isolée et dans celui d'un système de forces. — 8. Du point d'application d'une force.— 9. Ce qu'on entend par direction d'une force. — 10. Idée et définition de l'intensité d'une force. — 11. Du sens d'action d'une force. — 12. Ce qu'on entend par force constante. — 13. Des diverses façons dont une force peut varier. — 14. Représentation conventionnelle d'une force. —15. Des forces connues ou plutôt des noms donnés aux causes inconnues des divers mouvements.—16. Des attractions: pesanteur, attractions moléculaires, attractions astrales. Importance de ces forces présidant à la formation des corps et des mondes. — 17. De la chaleur et de son importance comme force présidant à la destruction des corps et des mondes formés par les

TITRE I. — Des Forces appliquées à un point matériel.

SECTION I. — DU MOUVEMENT D'UN POINT MATÉRIEL EU ÉGARD AUX FORCES QUI LE SOLLICITENT

CHAPITRE I. — DU MOUVEMENT RÉSULTANT DE L'ACTION D'UNE FORCE UNIQUE SUR UN POINT,

CHAPITRE II. — DU MOUVEMENT RÉSULTANT DES ACTIONS SIMULTANÉES DE PLUSIEURS FORCES.

CHAPITRE III. — DE L'ÉQUIVALENCE DES FORCES.

SECTION II. — DES FORCES QUI AGISSENT SUR UN POINT MATÉRIEL EU ÉGARD AU MOUVEMENT QU'IL POSSÈDE.

CHAPITRE I. — DE LA DÉTERMINATION DE LA RÉSULTANTE DES FORCES INCONNUES QUI AGISSENT SUR UN POINT DONT LE MOUVEMENT EST CONNU.

§ Iᵉʳ. **Position du problème.** — 117. Connaissant le mouvement d'un point, déterminer les forces qui le sollicitent : divers cas. Il suffit d'étudier les mouvements les plus simples. — 118. Quelque nombreuses que soient les forces qui agissent, il suffit de déterminer leur résultante.

§ II. **Détermination de la résultante des forces qui agissent sur un point en mouvement rectiligne uni-**

forme.—119. Lorsque le mouvement d'un point est rectiligne et uniforme, c'est qu'il n'est sollicité par aucune force ou que les forces qui agissent se détruisent, c'est-à-dire ont une résultante nulle. Le point est dit alors en *équilibre dynamique.* — 120. Le repos absolu ou l'équilibre statique est un cas particulier de l'équilibre dynamique.

§ III. **Détermination de la résultante des forces qui agissent sur un point en mouvement rectiligne varié.** —121. Lorsqu'un point est en mouvement rectiligne uniformément *accéléré*, c'est qu'il est sollicité par une résultante de même direction et de même sens que le mouvement, et l'intensité de cette force dite accélératrice est en raison directe de la masse du point et de la variation de vitesse qui lui est imprimée. — 122. Exemple numérique. — 123. Lorsqu'un point est en mouvement rectiligne *uniformément retardé,* c'est qu'il est soumis à une force de même direction que le mouvement, mais de sens contraire; l'intensité de cette force dite résistante est aussi en raison directe de la masse du point et de la variation de vitesse. — 124. Lorsqu'un point possède un mouvement rectiligne varié d'une manière quelconque, c'est qu'il est sollicité par une force de même direction que le mouvement : l'intensité de cette force varie suivant la même loi que les variations de la vitesse.

§ IV. **Détermination de la résultante des forces qui agissent sur un point en mouvement curviligne uniforme.** — 125. Lorsqu'un point conserve un mouvement circulaire uniforme, c'est qu'il est soumis à une force (unique ou résultante de plusieurs). — 126. La direction de cette force est située dans le plan du cercle décrit. — 127. Cette force agit dans la direction du rayon. — 128. Et de la circonférence vers le centre, c'est-à-dire que cette force est *centripète.* — 129. Son intensité est constante. — 130. Directement proportionnelle à la masse du point mobile. —131. Au carré de la vitesse circulaire du point. — 132. Et inversement proportionnelle au rayon du cercle décrit.—133. Résumé : intensité de la force centripète. — 134. Comment on peut considérer la génération du mouvement circulaire uniforme.—135. Lorsqu'un point conserve un mouvement uniforme sur une courbe de courbure variable, c'est qu'il est soumis à une force centripète de direction et d'intensité variables. — 136. L'intensité varie en raison inverse des rayons de courbure. Exemple numérique. — 137. Second exemple numérique : le produit de la force centripète par son rayon reste constant.

§ V. **Détermination de la résultante des forces qui agissent sur un point en mouvement curviligne varié.**— 138. Lorsqu'un point conserve un mouvement curviligne varié, c'est qu'il est soumis à une résultante oblique à la courbe, ou à une composante normale et à une composante *tangentielle*. — 139. La composante tangentielle de ce mouvement est proportionnelle aux variations de vitesse.—140. La composante normale (force centripète) est inversement proportionnelle aux rayons de courbure, et directement proportionnelle aux carrés des vitesses sur la courbe. La résultante et ses composantes varient donc continuellement. — 141. Lorsque le mouvement est uniformément varié, c'est que la composante tangentielle est constante. — 142. Mais la composante normale croît comme le carré de la vitesse et en raison inverse des rayons de courbure. — 143. Lorsque le mouvement est circulaire et uniformément varié, la composante tangentielle est constante et la composante normale croît comme les carrés des vitesses.

TITRE II. — Des Forces appliquées aux divers systèmes de points matériels.

DÉFINITIONS.

144. Ce qu'on entend par attraction générale. —145. Attractions moléculaires.—146. Cohésion, affinité.—147. Ce que deviendraient les corps matériels si les forces attractives existaient seules.—148. Les molécules des corps sont retenues à distance par des forces répulsives. — 149. Ce que deviendraient les corps matériels si les forces répulsives agissaient seules. — 150. Tout corps matériel est formé de molécules soumises à des forces attractives et répulsives. — 151. Les divers états sous lesquels la matière se présente à nous sont le résultat de l'antagonisme des attractions et répulsions moléculaires. — 152. Phases diverses de cet antagonisme : états solide, liquide et gazeux.—153. Caractéristique de la solidité.—154. Caractéristique de la liquidité absolue. — 155. Caractéristique de la gazéité. — 156. Solidité absolue. — 157. Solidité relative ; état pâteux. — 158. Liquidité relative : viscosité. — 159. Résistance des molécules gazeuses au rapprochement. — 160. Résumé comparatif des caractéristiques des états solide, liquide et gazeux. — 161. Caractères distinctifs de ces trois états. — 162. Les corps solides peuvent seuls être étudiés à l'état libre dans l'espace ; les liquides et les gaz ne peuvent être considérés que contenus ou renfermés. — 163. Ce qu'il faut entendre par solide en mécanique rationnelle.

Axiome. — 164. Quand une *action* ne produit pas d'accélération de vitesse, c'est qu'il y a une *réaction* égale et directement opposée.

—165. Cet axiome peut être considéré comme un corollaire de l'axiome *inertie*.

TITRE II (*bis*). — Des Forces appliquées à un système solide.

SECTION I. — DU MOUVEMENT D'UN SOLIDE EU ÉGARD AUX FORCES QUI LE SOLLICITENT.

CHAPITRE I. — DE L'EFFET D'UNE FORCE SUR UN SOLIDE.

166. Lorsqu'une force agit seule sur un solide, il reçoit une accélération de vitesse suivant la direction et le sens de cette force. — 167. Si le solide n'est composé que de deux points, chacun de ces points a la même accélération de vitesse, et la quantité de mouvement du solide entier est égale à la somme des *quantités de mouvements* des deux points. — 168. On peut donc dire que lorsqu'une force agit sur un solide élémentaire elle se partage entre les deux points, proportionnellement à leurs masses. — 169. Dans un solide quelconque la quantité de mouvement totale est égale à la somme des quantités de mouvement de tous les points matériels composant le solide. — 170. Par suite lorsqu'une force agit sur un solide quelconque elle se partage entre tous les points de ce solide, proportionnellement à leurs masses. — 171. Chacun des points du solide soumis à une force, étant sollicité par une portion de la force totale, les molécules se rapprocheraient ou s'écarteraient si l'*action* de ces forces ne faisait naître des réactions (attractions et répulsions moléculaires) qui retiennent les molécules à leur état primitif. — 172. Cette égalité constante entre les actions extérieures et les réactions intérieures, quelle que soit la grandeur de la force totale extérieure, constitue la solidité absolue. Dans l'étude des effets des forces extérieures sur un solide, on peut donc négliger de s'occuper des forces moléculaires. — 173. Ces observations sont vraies, quelle que soit la manière d'agir de la force extérieure.—174. Effet d'une force ne donnant qu'une impulsion à un solide. — 175. Effet d'une force agissant pendant une durée finie sur un solide. — 176. Lorsqu'une force agit sur un système solide, les conditions de solidité permettent de ramener ce cas à celui d'une force appliquée à un seul point matériel.

CHAPITRE II. — DU MOUVEMENT RÉSULTANT DE L'ACTION DE DEUX OU PLUSIEURS FORCES SUR UN SOLIDE.

§ I. **Préliminaires.** —177. Les conditions de solidité reviennent à dire que lorsqu'une force agit sur un point d'un solide, tous les autres points sont entraînés avec une même accélération de vitesse, sans qu'il y ait la moindre déformation ; la force extérieure se partage entre tous les points du solide, proportionnellement à leurs masses, et l'on n'a pas à s'occuper des forces moléculaires, qui, pour chaque molécule, sont toujours égales et directement opposées. — 178. Lorsque deux forces égales et directement opposées agissent sur un solide, elles ne changent en rien son état de mouvement ; ces deux forces sont en équilibre ou se détruisent, leurs effets étant égaux et directement opposés. — 179. On peut donc *ajouter* à un solide deux forces égales et directement opposées sans qu'il y ait rien de changé à l'état de mouvement du solide.— 180. On peut *retrancher* (des forces appliquées à un solide) deux forces égales et directement opposées sans rien changer à l'état de mouvement. — 181. Le point d'application d'une force peut être supposé transporté en un point quelconque de la direction de cette force sans qu'il y ait rien de changé à l'effet de la force sur le solide auquel elle est appliquée.

§ II. **Composition des mouvements des forces appliquées à un solide.** — 182. Dans la composition des mouvements de deux forces appliquées à un solide il peut se présenter trois cas.

(A) **Composition des mouvements de forces concourantes.** — 183. On compose deux forces concourantes appliquées à un solide par la règle du parallélogramme des forces. — 184. Ce cas est ramené à celui de deux forces appliquées à un seul point. — 185. Observation sur le point de passage de la direction de la résultante par rapport aux points d'application des forces composantes.—186. Même observation pour le cas de deux forces de sens opposés. — 187. Valeur de la somme des projections des mouvements des composantes sur la direction du mouvement résultant.— 188. Composition des mouvements d'un nombre quelconque de forces concourantes appliquées à un solide. — 189. Les règles précédentes sur la composition des forces supposent, implicitement, que le solide est réduit au seul point de concours des directions des forces, et qu'en ce point toute la masse du solide est concentrée. Nécessité de composer les mouvements, dus aux forces concourantes appliquées à un solide, en tenant compte de la répartition des effets des forces entre tous les points du solide. — 190. Deux forces concourantes appliquées à un solide donnent à tous les points de ce solide une même variation de vitesse dont la direction est celle de la résultante des deux forces concourantes supposées appliquées au point de concours. (Fig. 49). — 191. Cette résultante supposée appliquée à un seul point de concours où toute la masse du solide serait concentrée lui donnerait une variation de vitesse égale à celle que donnent à tous les points du solide les deux forces concourantes agissant simultanément. (Fig. 49). — 192. La résultante trouvée en supposant les deux forces appliquées à leur point de concours est égale à la somme des forces partielles parallèles agissant sur les divers points du solide par suite de l'application des deux forces concourantes. Justification de l'hypothèse des numéros 183 à 188. (Fig. 49). — 193. La résultante trouvée, en supposant les forces concourantes en nombre quelconque appliquées au point de concours, donnerait au solide le même mouvement que celui produit par les actions partielles qui agissent sur les divers points du solide par suite de l'application des forces concourantes. (Fig. 50). — 194. Conséquence des numéros 189 à 193 : la composition des forces concourantes appliquées à un solide peut se faire directement, c'est-à-dire en supposant les forces appliquées au seul point de concours. Nécessité des observations précédentes. Conséquences fausses qui peuvent être déduites de l'ancienne méthode, non positive. (Fig. 51). — 195. Décomposition du mouvement dû à une force appliquée à un solide, en deux autres mouvements de directions, déterminées et concourant avec la direction de la force. Les divers points du solide peuvent être considérés comme soumis chacun à deux forces parallèles aux deux directions données et respectivement proportionnelles aux masses des points auxquels elles sont appliquées. (Fig. 52). — 196. Les deux forces obtenues en décomposant directement suivant les deux directions données, la force appliquée au solide, produiraient sur chacun des points le même effet que la force primitive. (Fig. 52). — 197. Conséquence du numéro précédent : une force appliquée à un solide peut être décomposée en deux forces de directions concourantes comme si cette force était appliquée au seul point de concours où toute la masse du solide serait concentrée. (Fig. 53). — 198. On ne peut pas décomposer ou remplacer une force appliquée à un solide par deux autres forces concourant avec la première si les trois directions ne sont pas dans un même plan. (Fig. 54). — 199. On peut décomposer une force en trois autres dont les directions soient concourantes et non dans le même plan. — 200. La décomposition d'une force en trois autres concourant dans un même plan est un problème indéterminé ou susceptible de donner une infinité de solutions. (Fig. 55). — 201. Il en est de même du problème de la décomposition d'une force en plus de trois, concourant avec elle et non situées dans un même plan. (Fig. 56).

(B) **Forces parallèles**. — 202. Assimilation des forces parallèles aux forces concourantes. Le point de concours est à l'infini; mais son éloignement ou son rapprochement ne changeant rien aux remarques des numéros 183 à 188, on peut appliquer à la composition des forces parallèles les règles de la composition des forces concourantes. (Fig. 507). — 203. Conséquence : I. Résultante de deux forces parallèles de même sens. — 204. II. Résultante de deux forces parallèles de sens opposés. (Fig. 58). — 205. Utilité de l'assimilation des forces parallèles aux forces concourantes. — 206. Composition directe des effets de deux forces parallèles de même sens. Les effets des deux forces sur les divers points s'ajoutent et par suite la résultante est égale à la somme des deux forces parallèles : elle leur est parallèle et divise la perpendiculaire commune aux deux forces parallèles en parties réciproquement proportionnelles à ces forces. (Fig. 59). — 207. Composition des effets de deux forces parallèles de sens opposés. (Fig. 68). — 208. Ce qu'on entend par couple. — 209. Détermination de la résultante d'un couple : elle est nulle et située à une distance infinie. (Fig. 62, 63, 64 et 65). — 210. Effet réel d'un couple au point de vue de la translation. (Fig. 66). — 211. On peut donc ajouter ou retrancher un couple d'un système de forces sans rien changer à l'état de mouvement du solide. (Fig. 67 et 68). — 212. Composition d'un nombre quelconque de forces parallèles de même sens. La résultante est égale à la somme des composantes. (Fig. 69).—213. Propriétés dont jouit le point d'application de la résultante de forces parallèles de même sens. Centre des forces parallèles. (Fig. 69). — 214. Ce qu'on entend par centre de gravité d'un solide matériel.— 215. Composition d'un nombre quelconque de forces parallèles de sens contraires. (Fig. 70, 71 et 72). — 216. Décomposition d'une force en deux autres qui lui soient parallèles et soient avec elle dans le même plan. Solution algébrique. (Fig. 73). — 217. Solution graphique. (Fig. 74).— 218. Cas où les deux composantes seront de sens opposés. Solution algébrique. (Fig. 75). — 219. Solution graphique. — 220. Décomposition d'une force en trois autres qui lui soient parallèles. Ces forces n'étant pas dans le même plan. (Fig. 77).— 221. La décomposition d'une force en plus de trois qui lui soient parallèles est un problème indéterminé. (Fig. 78).

(C) **Composition de forces ni concourantes ni parallèles.**—222. Théorème. Trois forces dirigées d'une manière quelconque dans l'espace peuvent toujours se réduire à deux, non situées dans le même plan en général. (Fig. 79). — 223. Corollaire — Quel que soit le nombre des forces appliquées à un solide et leurs directions, elles peuvent toujours être réduites à deux forces non situées dans le même plan en général. — 224. Remarque : Si les deux forces définitives sont concourantes ou parallèles elles se réduisent à une seule. (Fig. 79). — 225. Théorème. — Deux forces non situées dans le même plan peuvent toujours être remplacées par une seule force et un couple. (Fig. 80). — 226. De quelque façon que ce remplacement se fasse, on arrive à une même résultante de translation et à des couples équivalents. (Fig. 81). — 227. Le solide soumis à ces deux forces en reçoit un mouvement de translation et une tendance à la rotation. — 228. Deux forces non situées dans le même plan ne peuvent être remplacées par une seule. — 229. Différence entre la tendance à rotation et la rotation effective. Effet réel, sur un solide libre, de deux forces non situées dans un même plan. — 230. Observations sur cet effet.

SECTION II. — DE L'ÉQUIVALENCE DES FORCES APPLIQUÉES À UN SOLIDE.

GÉNÉRALITÉS ET DÉFINITIONS,

231. Condition générale d'équivalence de deux systèmes de forces. — 232. Pour estimer l'équivalence on peut ne considérer que des mouvements réguliers : uniformes ou uniformément variés. — 233. L'équivalence peut-être considérée, à deux points de vue : tendance à un mouvement de translation rectiligne, ou de rotation circulaire. — 234. Ces deux points de vue suffisent ; car tous les mouvements possibles d'un solide peuvent être ramenés à un composé de mouvements rectilignes et de mouvements circulaires.

CHAPITRE I. — ÉQUIVALENCE DES FORCES AU POINT DE VUE DE LA TRANSLATION RECTILIGNE

§ Ier. **Définitions et généralités.** — 235. Condition d'équivalence de deux forces au point de vue de la translation rectiligne. — 236. Le problème de l'équivalence comprend la composition et la décomposition des forces.

§ II. **Composition et décomposition des force appliquées à un solide.** — (A). **Forces concourantes.** — 237. La résultante directe de deux forces concourantes est équivalente aux deux composantes. (Fig. 83). — 238. La résultante directe d'un nombre quelconque de forces concourantes est équivalente a l'ensemble des composantes. (Fig. 84). — 239. Les deux forces concourantes obtenues par la décomposition directe d'une force sont équivalentes à cette force. (Fig. 85.)

(B) **Forces parallèles.** — 240. Les forces parallèles étant en réalité des forces concourant à l'infini, les observations des trois derniers n^{os} leur sont applicables. (Fig 86).

(C) Forces ni concourantes ni parallèles. — 241. Au point de vue de la translation rectiligne seule, on peut trouver une force équivalente à deux forces non situées dans le même plan : mais si l'on devait tenir compte de la rotation, la résultante des deux forces (non dans le même plan) transportées parallèlement à elles-mêmes, ne serait plus équivalente à ces deux forces, il faudrait ajouter à la résultante un couple équivalent au couple résultant. (Fig 87). — 242. Observation sur la condition nécessaire pour que le problème de la décomposition d'une force en deux autres, non dans un même plan, soit déterminé.

§ III. **Relations de grandeur entre les composantes et leur résultante.** — 243. Entre deux forces concourantes et leur résultante, il y a les mêmes relations de grandeurs qu'entre les trois côtés d'un même triangle. — 244. La projection sur une droite donnée, de la résultante d'un nombre quelconque de forces concourantes, est égale à la somme algébrique des projections des composantes. — 245. La résultante de deux forces parallèles est, en grandeur, égale à la somme ou à la différence des composantes. — 246. La projection, sur une droite quelconque de la résultante d'un nombre quelconque de forces parallèles, est égale à la somme algébrique des projections des composantes. — 247. La projection de la résultante, — *de translation*, — de deux forces non situées dans un même plan est égale à la somme algébrique des projections de ces deux forces. (Fig. 88). — 248. Principe général : deux systèmes de forces quelconques sont équivalents quand les sommes algébriques des projections des forces, formant chaque système, sont égales.

CHAPITRE. II. — EQUIVALENCE DES FORCES APPLIQUÉES A UN SOLIDE, DANS LEUR TENDANCE A DONNER UN MOUVEMENT DE ROTATION.

§ I. **Axiome, définitions et généralités** — 249. Axiome : une force dont la direction passe par l'axe de rotation n'a aucun effet au point de vue de la rotation. — 250. Condition d'identité de deux mouvements de rotation circulaires : condition déquivalence (de rotation) de deux systèmes de forces. — 251. Ce qu'on entend par bras de levier d'une force ; — 252... Par moment d'une force. — 253. Effet d'une force sur un solide pouvant tourner autour d'un axe fixe. — 254. Ce qu'on entend par *moments des masses élémentaires*. La somme de ces moments est égale au moment de la masse totale. Ce qu'il faut entendre par rayon moyen de gyration d'un corps. — 255. La vitesse angulaire due à une force est directement proportionnelle à l'intensité de cette force et inversement proportionnelle au rayon de gyration et à la masse du solide mis en rotation. — 256. Analogie entre les mouvements de translation et de rotation. Toutes choses égales d'ailleurs, la vitesse angulaire due à une force est égale à la vitesse de translation que donnerait cette force, divisée par le rayon de gyration du solide considéré. — 257. Valeur du rayon de gyration d'une droite matérielle concourant avec l'axe : valeur de la vitesse angulaire due à une force agissant sur une droite matérielle. — 258. Valeur de la vitesse angulaire due au seul poids d'une tige matérielle, de longueur connue. — 259. Valeur de la vitesse angulaire due à une force agissant sur une droite matérielle parallèle à l'axe de rotation. — 260... *Idem*, sur un arc ou sur une circonférence matériels. — 261.. Sur un cercle matériel. — 262... Sur un cylindre matériel.

§ II. **Mesure des forces au point de vue de la rotation.** — 263. Th. Deux forces sont entre elles comme leurs moments. Les moments sont la mesure des forces dans le mouvement de rotation. — 264. Deux forces appliquées à un solide en rotation sont équivalentes, lorsque leurs moments sont égaux et de même sens, ou lorsque leurs bras de levier sont en raison inverse de leurs intensités. — 265. Observation sur les réserves faites dans la démonstration du n° 264. — 266. Lorsqu'une force agit sur un solide pour le faire tourner, elle se partage entre toutes les molécules du solide, et les moments de ces forces élémentaires sont proportionnels aux masses des molécules auxquelles elles sont appliquées.

§ III. **Composition des forces tendant à faire tourner un solide.** — 267. L'accélération de vitesse angulaire due à l'action simultanée de deux forces est égale à la somme des accélérations que chacune des forces produirait si elle agissait seule. — 268. Le moment de la résultante de deux forces est égal à la somme des moments des composantes, si les deux composantes tendent à faire tourner le solide dans le même sens. — 269. Lorsque deux forces agissant simultanément tendent à faire tourner le solide en sens contraire, l'accélération résultante est égale à la différence des accélérations, et le moment de la force résultante est égal à la différence des moments des composantes. — 270. Valeur de la résultante d'un nombre quelconque de forces appliquées à un solide pouvant tourner autour d'un axe. — 271. Mesure d'un couple au point de vue de la rotation, autour d'un axe central et autour d'un axe non central. Un couple peut donc toujours être remplacé par une force qui lui soit équivalente au point de vue de la rotation. — 272. Composition de deux ou plusieurs couples ayant un axe commun.

§ IV. Décomposition d'une force au point de vue de la rotation. — 273. On peut toujours décomposer une force en deux autres, qui, ensemble, soient équivalentes au point de vue de la rotation. Nombre indéfini de solutions.— 274. On peut remplacer une force par deux autres formant couple, et qui ensemble soient équivalentes. — 275. On peut décomposer un couple en deux ou plusieurs autres.

§ V. Relation de grandeur entre les composantes et les résultantes de rotation. — 276. Le moment de la résultante est égal à la somme algébrique des moments des composantes.

SECTION I. — DES FORCES QUI AGISSENT SUR UN SOLIDE, EU ÉGARD AU MOUVEMENT DONT IL EST ANIMÉ.

CHAPITRE I. — DÉTERMINATION DE LA RÉSULTANTE DES FORCES QUI AGISSENT SUR UN SOLIDE DONT LE MOUVEMENT EST CONNU.

277. *Position du problème. Divers cas.* **§ Ier. — Solide en translation rectiligne uniforme.** — 278. Lorsqu'un solide conserve un mouvement de translation rectiligne et uniforme, c'est qu'il n'est soumis à aucune force, ou que la résultante des forces qui agissent est nulle.

§ II. Solide en mouvement de translation rectiligne et varié. — 279. Lorsqu'un solide conserve un mouvement rectiligne uniformément varié, c'est que ce corps est soumis à une force, unique ou résultante de plusieurs, agissant suivant la direction et le sens du mouvement, et proportionnelle à la variation de vitesse et à la masse totale du corps.— 280. Lorsque le mouvement de translation est uniformément retardé, la force résultante est dite — *négative* ou *retardatrice*. Ce qu'il faut entendre par force négative. — 281. Lorsque le mouvement de translation d'un solide est varié d'une manière quelconque, la résultante, produisant ce mouvement, varie d'intensité suivant la même loi.

§ III. Solide en mouvement de rotation circulaire autour d'un axe. — 282. Lorsqu'un solide conserve un mouvement de rotation uniforme, chacun de ses points n'est soumis qu'à une force centripète, dont l'intensité est proportionnelle à la masse du point, à sa distance à l'axe et à la vitesse angulaire du mouvement de rotation. La résultante de ces forces élémentaires ne peut être déterminée que pour des corps de forme connue. — 283. Résultante des forces qui agissent sur une droite matérielle conservant un mouvement de rotation circulaire. — *Premier cas :* droite matérielle rencontrant l'axe perpendiculairement. — 284. *Deuxième cas :* droite matérielle oblique à l'axe. — 285. *Troisième cas :* droite matérielle parallèle à l'axe. — 286. Droite matérielle ni concourante ni parallèle à l'axe. — 287. Résultante des forces qui agissent sur un anneau homogène, ou circonférence matérielle en mouvement de rotation circulaire uniforme. — 288. *Id.* un arc matériel de 120 degrés. — 289. Coefficients pour des arcs de divers nombres de degrés. — 290. Calcul de la masse de ces droites et arcs matériels. — 291. Résultante des forces qui agissent sur un secteur matériel conservant un mouvement uniforme de rotation circulaire. — 292. Un prisme ayant pour base un secteur. — 293. Un cylindre et un cône matériels. — 294. Ce qu'on entend par force centrifuge.

§ IV. Solide en mouvement de rotation circulaire varié. — 295. Lorsqu'un corps solide conserve un mouvement de rotation circulaire varié, c'est que chaque point de ce corps est soumis à une force oblique au rayon, ou à une force tangentielle et à une force centripète. Dans le cas particulier d'un mouvement de rotation uniformément varié, la force tangentielle est constante. — 296. La force tangentielle croît et décroît comme la variation de vitesse circulaire.

§ V. Solide en mouvement combiné de translation et de rotation uniforme. — 297. Lorsqu'un solide conserve un mouvement de rotation uniforme autour d'un axe qui se transporte dans l'espace parallèlement à lui-même, et suivant une direction rectiligne, c'est que la résultante des forces appliquées est variable en direction et en intensité, et la loi de variation dépend de la forme du corps.—298. Si le solide est un anneau matériel, chaque point a pour trajectoire résultante une cycloïde ordinaire. La résultante varie d'intensité et de direction. — 299. Cet anneau peut être considéré comme soumis à une force horizontale croissant, à très-peu près, proportionnellement au temps et à une force verticale décroissante, et cela par périodes égales. — 300. Solide quelconque en rotation et translation combinées; formules compliquées, peu utiles. — 301. Même remarque pour des mouvements mixtes à vitesses variables.

CHAPITRE II. — SYSTÈME DE FORCES DONNANT UN MÊME MOUVEMENT.

302. Rappel de ce qu'il faut entendre par systèmes de forces équivalentes. — 303. Systèmes de forces donnant à un solide un mouvement uniforme de translation. — 304. *Id.* un mouvement de rotation uniforme ; — un mouvement combiné de translation et de rotation uniforme.

FIN DE LA TABLE ANALYTIQUE DU LIVRE II.

LIBRAIRIE CENTRALE D'AGRICULTURE

ET DE

JARDINAGE.

Auguste GOIN, éditeur, quai des Augustins, 41, Paris.

CATALOGUE.

---

31 Mai 1857.

DIVISION DU CATALOGUE.

Nota. — Par suite de la nouvelle loi sur les imprimés, en vigueur depuis le 1er août 1856, les ouvrages composant le présent Catalogue peuvent être expédiés *franc de port* par la poste et sans augmentation des prix marqués. Pour jouir de cet avantage, il suffit de joindre à la demande un bon de poste ou des cachets d'affranchissement pour la valeur des ouvrages demandés. — Lorsque les ouvrages seront pris au bureau, il sera fait une remise de 10 pour 100. — Les commandes de 20 à 30 fr. seront expédiées *franc de port* jusqu'au bureau et station des Chemins de fer, des Messageries générales et impériales les plus rapprochés de la résidence des demandeurs. — En outre de l'envoi *franc de port*, les commandes de 31 à 50 fr. jouiront de la remise de 5 pour 100, et il sera fait une remise de 10 pour 100 sur celles de 51 à 100 fr. — Je me charge aussi de fournir aux mêmes conditions tous les ouvrages qui me seront demandés, ainsi que les ouvrages neufs ou d'occasion d'Agriculture et de Jardinage qui ne sont pas portés sur le présent Catalogue.

Bibliothèque de l'Agriculteur praticien.

Abeilles *(De l'éducation des)*, ou *Apiculture*, par P. JOIGNEAUX. 1 vol. in-18. 1 25

Abeilles. Leur éducation, par A. ESPANET. In-18. 40 c.

Abeilles *(Guide de l'éleveur d')*, par DE FRARIÈRE. In-18 fig. 75 c.

Agriculteur praticien *(L')*, *Revue de l'agriculture française et étrangère)*, 4e année. Prix de l'abonnement. 6 fr.

La 1re, la 2e et la 3e année, ensemble. 15 fr.

Chaque année séparément. 6 fr.

Agriculture. Quelques observations pratiques, par BODIN. In-18. 15 c.

Alcoolisation générale *(Traité complet d')*. Guide du fabricant d'alcools, renfermant la marche à suivre pour obtenir l'alcool de toutes les substances alcooliques ; les moyens de débarrasser l'alcool des odeurs propres et de celles d'empyreume, ainsi que l'indication des rendements au point de vue de la fabrication par les méthodes les plus économiques ; toutes les règles, formules et tables de réduction qui peuvent être utiles au distillateur, etc., etc., par N. BASSET. 1 vol. in-18, 2e édition, avec dessins dans le texte, accompagné de 4 gravures sur cuivre représentant des appareils nouveaux de distillation. 6 fr.

Almanach de l'Agriculteur praticien pour 1857. 1 vol. in-18 avec de nombreuses fig. 50 c.

Amendements et Engrais *(Petit traité des)*, par P. A. DE THIER. 1 vol. in-18, complété avec des notes extraites de l'*Agriculteur praticien*. (Sous presse.)

Amendements et Prairies, Extrait des œuvres de J. BUJAULT. In-18. 60 c.

Bétail en ferme *(Du)*, extrait des œuvres de J. BUJAULT. In-18. 60 c.

Betterave *(Traité pratique de la culture et de l'alcoolisation de la)*, résumé complet des meilleurs travaux faits jusqu'à ce jour sur la betterave et son alcoolisation, par N. BASSET. 1 vol. in-18, 2e éd. 2 fr.

Cailles d'Europe *(Guide pratique pour élever les)* d'Amérique (ou colins), les **Perdrix grises et rouges**, par l'abbé ALDARY. 1 vol. in-18 avec figures dans le texte. 1 25

Culture *(De la petite)*, en faveur des petits propriétaires, ou moyens faciles d'augmenter le rendement des terres de labour et de jardin, par A. ESPANET. 1 vol. in-18. 1 fr.

Dindons et Pintades *(Guide de l'éleveur de)*, par MARIOT-DIDIEUX. 1 vol. in-18. 75 c.

Drainage. L'art de tracer et d'établir les drains, par GRANDVOINNET. 1 vol. in-18 avec 160 figures. 3 fr.

Fumier de ferme *(Le)* élevé à sa plus haute puissance de fertilisation et n'étant plus insalubre, par QUENARD. In-18, 2e édit. 1 25

Irrigation *(Manuel d')*, par DEBY. In-18 avec 100 fig. 1 50

Irrigations *(Petit traité des)*, par James DONALD, traduit par A. DE FRARIÈRE. In-18 avec fig. 50 c.

Laiterie *(La)*, suivie de la fabrication des fromages, par A. DE THIER. 1 vol. in-18 avec figures. 75 c.

Lapin domestique *(Traité pratique de l'éducation du)*, par le F. Alexis ESPANET, 2e édit. 1 vol. in-18. 1 fr.

Maïs *(Du)*, de sa culture et des divers emplois dont il est susceptible, par KEENE et A. DE THIER. In-18. 30 c.

Maïs *(Alcoolisation des tiges du)* et du *Sorgho sucré.* ALCOOL. — CIDRE. — BIÈRE. — VINS ARTIFICIELS, par DURET, chimiste. In-18. 75 c.

Moutons *(Guide de l'éleveur et de l'engraisseur de)*, par J.-J. LEGENDRE, propriétaire-cultivateur. 1 vol. in-18. 1 fr.

Pigeons de colombier et de volière (*Guide de l'éleveur de*), par
Mariot-Didieux. In-18. . . . . 75 c.
Pigeons (*De l'éducation des*), **Oiseaux** de luxe, de volière et de
cage, par A. Espanet. 1 vol. in-18. . . . . 1 fr.
Pisciculteur (*Guide du*), par J. Rémy et le Dr Haxo. In-18, grav. 1 50
Porcs (*Du traitement des aux différentes époques de l'année*, en
santé et maladie, etc. Extrait des meilleurs ouvrages anglais, par J. A. G.
1 vol. in-18 avec 30 figures dans le texte. 1 25
Porcs (*Guide de l'éleveur de*), par J. Allibert, professeur de zoo-
technie à Grignon. 1 vol. in-18. (*Sous presse.*)
Porcheries (*De l'établissement des*), dispositions diverses, construc-
tion, par J. Grandvoinnet. 1 vol. in-18 avec 95 fig. dans le texte. 2 50
Poules (*De l'éducation des*), **Dindes, Oies** et **Canards**, par le
F. Alexis Espanet. 1 vol. in-18. . . . . 1 fr.
Poules et Poulets (*Guide de l'éleveur de*), par J. Allibert, pro-
fesseur de zootechnie à Grignon. 1 vol. in-18. . . . . 75 c.
Races bovines (*De l'amélioration des*) en France, et particulière-
ment dans les départements de l'Est, par Théodore de Saint-Ferjeux.
In-18, 2e édit. . . . . 1 fr.
Récoltes dérobées (*Des*), comme fourrages et engrais verts en géné-
ral, et de la culture de la *Moutarde blanche* en particulier, trad. de
l'anglais et annoté par J. A. G. 1 vol. in-18 avec fig. . . . . 75 c.
Semailles en ligne (*Des*) et des **Semoirs** mécaniques, par
F. Georges. In-18. (Extrait de l'*Agriculteur praticien*.) . . . . . 50 c.
Sorgho à sucre (*Guide du cultivateur du*), suivi de l'indication des
diverses applications industrielles de cette plante et des appareils y ap-
propriés, par Paul Madinier et G. de Lacoste. 1 vol. in-18. . . . 1 fr.
Système Guénon, en forme de catéchisme, à l'usage des élèves des
fermes-écoles, par Anacharsis Combes. In-18. . . . . 30 c.
Topinambour (*Du*) Culture, alcoolisation, panification de ce tuber-
cule, par Delbetz, cultivateur. 1 vol. in-18. . . . . 1 25
Vers à soie (*Guide de l'éleveur de*), par MM. Guérin-Méneville, et
Eugène Robert, directeur de la Magnanerie expérimentale de Sainte-
Tulle. 1 vol. in-18 avec figures. . . . . 75 c.
Visite à un véritable agriculteur praticien, par Durand-Savoyat,
propriétaire-cultivateur. 1 vol. in-18. . . . . 1 25

AGRICULTURE.

Abeilles (*Culture des*) dans une nouvelle ruche à étages, par
Duvernay aîné. 1 vol. in-8° de 156 pages. 3 50
Abeilles (*De l'anesthésie ou asphyxie momentanée des*), ses inven-
teurs et ses prôneurs, par Hamet. In-18. . . . . 40 c.
Abeilles (*Éducation des*). (Voir page 3.)
Abeilles (*Éducation des*), ou *Apiculture*. (Voir page 3.)
Abeilles (*Manuel de l'éducateur d'*), par de Frarière. In-18. 3 50
Abeilles (*Méthode certaine et simplifiée pour soigner les*), par
Féburier. 1 vol. petit in-18, fig. 25
Abeilles (*Guide de l'éleveur d'*). (Voir page 3.)
Abeilles (*Le conservateur ou la culture perfectionnée des*), d'après
les méthodes les plus récentes et avec application de celle de Nutt. In-8
avec 3 pl., 1843. . . . . 1 50

Agriculteur praticien (*L'*). *Revue de l'Agriculture française et étrangère*, 4e année. Prix de l'abonnement. . . . . . . 6 fr.

La 1re, la 2e et la 3e année, ensemble . . . . 15 fr.

Chaque année séparément . . . . 6 fr.

Agriculteur (*L'*) *praticien*, par Vs-P. Rey. In-12. . . . 2 fr.

Agriculture. *Quelques Observations pratiques.* (*Voir* page 3.)

Agriculture (*Cours d'*), par de Gasparin. 5 vol. in-8. . 37 50

Agriculture (*Manuel populaire d'*), par Vigneral. 1 vol. in-8. 1 25

Agriculture du centre, par Gancalon. 1 vol. in-8. . . 2 50

Agriculture (*Cours d'*), de **Viticulture et de Jardinage**, par Mathieu Risler père. 1 vol. in-18. . . . . 2 fr.

Agriculture (*Cours élémentaire d'*), par Girardin et Dubreuil. 2 vol. in-18, 900 grav. dans le texte. . . . . 15 fr.

Agriculture (*Manuel d'*), par demandes et par réponses, à l'usage des écoles primaires et des propriétaires ruraux, par Bruno. In-18. 40 c.

Agriculture (*Manuel élémentaire d'*), à l'usage des écoles primaires des départements de la Meuse, de la Meurthe, de la Moselle et des Ardennes, par L. Gossin. 1 vol. in-18. . . . . 1 fr.

Agriculture et Hygiène vétérinaire (*Principes d'*), par Magne, professeur à l'École d'Alfort. 1 vol. in-8. . . . . . . 10 fr.

Agriculture pratique (*Cours complet d'*), par Burger, Pfeil, Rohlwes, etc., traduit de l'allemand par Noirot, suivi d'un traité sur les vers à soie et la culture du mûrier, par Bonafous. 1 vol. in-4. 10 fr.

Agronomie (*Principes de l'*), par de Gasparin. In-8. . . 3 75

Alcoolisation générale. (*Voir* page 3.)

Almanach de l'Agriculteur praticien pour 1857. (*Voir* page 3.)

Amendements et Engrais (*Petit traité des*). (*Voir* page 3.)

Amendements et prairies. (*Voir* page 3.)

Ampélographie rhénane, ou *Description des cépages les plus cultivés dans la vallée du Rhin et dans plusieurs contrées viticoles de l'Allemagne méridionale*, par J.-L. Stoltz. 1 vol. in-4 orné de 32 pl. : fig. noires, 15 fr. ; — figures coloriées . . . . 25 fr.

Animaux (*Recherches expérimentales sur l'alimentation et la respiration des*), par J. Allibert. In-8. . . . . 1 50

Annales agricoles de Roville, par M. de Dombasle. 9 vol. in-8. 61 50

Apiculture (*l'*) **perfectionnée**, ou *Théorie et application pratique de la direction des rayons*, par J. Greslot. 1 vol. in-18 avec 30 fig. 1 50

Apiculture simplifiée, ou nouvelles *Instructions sur l'éducation des abeilles*, par A. N. Desvaux. 1 vol. in-18. . . . . . . 1 25

Apiculture (*Petit traité d'*), ou *Art de soigner les abeilles*, par Hamet. 1 vol. petit in-18, 50 fig. . . . . 60 c.

Aviculture. Des moyens à employer pour engraisser l'oie et le canard, par Comarmond. In-8. . . . . 1 50

Bétail en ferme (*Du*). (*Voir* page 3.)

Bêtes à laine (*Manuel de l'éleveur de*). Notions pratiques sur le choix, l'élevage, le bon entretien et les maladies de ces animaux domestiques, par Roche-Lubin. 1 vol. in-18. . . . . . . 2 50

Betterave (*Traité pratique de la culture et de l'alcoolisation de la*). (*Voir* page 3.)

Betteraves (*Traité pratique de la culture des différentes espèces de*), procédé pour les conserver par la dessiccation, etc., tr. de l'allem. par Sarrazin. In-18. . . . . 2 fr.

Blé (18 *millions d'hectolitres de*) *pour rien*, ou Conseils aux agriculteurs français, par Jacquin aîné. In-8. . . . . . . 50 c.

Bois (*Des qualités et de l'usage du*) sous le rapport économique et industriel. In-18. 25 c.

Bois (*De la culture et de l'aménagement des*). In-18. 25 c.

Bois (*Traité du cubage des*), ou Tarifs pour cuber les bois carrés ou de charpente, les bois en grume au 5e et au 6e réduit, par GUSSOT. In-8, 4e édit. 1 25

Bois en grume (*Tarif métrique pour la réduction des*) en bois équarris, mesurés de 3 en 3 cent., etc., par FOUCHARD. In-18. 2 50

Bon conseiller (*Le*) **des Cultivateurs**, ou Instruction pratique sur les quatre principaux points de l'agriculture, par RIVIÈRE. In-18. 1 fr.

Botanique agricole et médicale, ou Étude des plantes qui intéressent principalement les vétérinaires et les agriculteurs, etc., par J.-A. RODET. 1 vol. in-8, 328 fig. 12 fr.

Boulangerie des familles. Faire le pain chez soi, par EECKMAN-LECROART. In-18. 50 c.

Cailles d'Europe (*Instruction pratique pour élever les*). (V�r p. 3.)

Calendrier du bon Cultivateur, par MATHIEU DE DOMBASLE, 9e édit. 1 vol. in-12 avec pl. 4 75

Canards. (Voir *l'Éducation des poules*, de F. Alexis ESPANET.)

Canne à sucre de la Chine (*Monographie de la*), dite *Sorgho à sucre*, par le docteur SICARD. In-8. 4 fr.

Catéchisme agricole, à l'usage des écoles rurales, par M. GREFF. 3e édit. In-18. 50 c.

Cheval (*Traité de l'extérieur du*) et des principaux animaux domestiques, par LECOQ. 1 vol. in-8, 155 fig. 3e édit. 9 fr.

Cheval (*Choix du*). Appréciation des caractères à l'aide desquels on reconnaîtra l'aptitude des chevaux aux divers services, par MAGNE, professeur à l'École d'Alfort. 1 vol. in-12 et 5 planches. 1 25

Chimie (*Leçons élémentaires de*), par J. MALAGUTI. 2 vol. in-18, fig. dans le texte. 10 fr.

Chimie agricole (*Analyse des cours de*), professés en 1854 et 1855, par MALAGUTI, à la Faculté des sciences de Rennes. 2 vol. in-18. 2 fr.

Chimie agricole (*Leçons de*) professées en 1847, par MALAGUTI. 1 vol. in-18. 3 50

Chimie agricole (*Petit cours de*), à l'usage des écoles primaires, par F. MALAGUTI. 1 vol. in-18, fig. 1 25

Chimie agricole (*Traité de*) à la portée de tous les cultivateurs, par P. JOIGNEAUX. 1 vol. in-18, 1845. 2 25

Conseils aux agriculteurs sur les moyens de prévenir l'indigestion gazeuse connue dans nos campagnes sous le nom d'enflure des vaches, par Mathurin PAPIN, médecin vétérinaire. In-18. 30 c.

Conseils aux cultivateurs bretons sur *l'hygiène des animaux domestiques*, ou Connaissance des moyens de les entretenir et conserver en santé, par Mathurin PAPIN, médecin vétérinaire. 1 vol. in-12. 1 75

Cubage des bois en grume et équarris (*Tarif de poche ou Traité portatif du*), s'appliquant aux divers systèmes en usage; *vade-mecum* des agents forestiers, etc., par HURTAULT-BANCÉ, ancien marchand de bois. In-8. 80 c.

Cubage des bois équarris (*Tarif métrique pour le*), etc., par FOUCHARD père. 1 vol. in-18. 4 fr.

Cuisinier (*Le*) **des Cuisiniers**, ou l'Art de la cuisine enseigné d'après les plus grands maîtres anciens et modernes. 1 vol. in-18, fig. 3 50

Cultivateur (*Manuel du*), à l'usage des fermes-écoles et des établissements d'instruction, par LEFOUR, inspecteur général de l'agriculture. 1er vol. Arithmétique et Comptabilité agricoles. 1 25

2e vol. Agriculture, 1re partie, Sol et Engrais. 1 25
3e vol. Géométrie agricole. 1 25
4e vol. Animaux domestiques, 1re partie. 1 25
5e vol. *Id.* *id.* 2e partie. 1 25
Cuisinière (*La*) **de la ville et de la campagne**, ou nouvelle Cuisine économique, par L. E. A. 36e édit. 1 vol. in-12 avec 300 fig. 3 fr.
Cultivateur améliorateur (*Guide du*), par E. Lecouteux. 1 vol. in-8. 4 fr.
Culture (*De la petite*). (*Voir* page 3.)
Culture améliorante (*Principes économiques de la*), par Edouard Lecouteux. 1 vol. in-18. 2 50
Dindes. (Voir *l'Education des Poules* de F. Alexis Espanet.)
Dindons et Pintades (*Guide de l'éleveur de*). (*Voir* page 3.)
Drainage (*Manuel populaire du*), par A. Vitard. 1 vol. in-18. 3 50
Drainage (*Instructions sur le*), publiées sous les auspices de la commission hydraulique de la Sarthe. In-12, 2e édition. 75 c.
Drainage (*Du*), par Félix Réal. In-18. 25 c.
Drainage. L'art de tracer et d'établir les drains. (*Voir* page 3.)
Drainage. Commentaire de la loi du 17-23 juillet 1856, suivi de la législation sur les irrigations, etc., par L. Tripier. 1 vol. in-8. 3 fr.
Droit rural (*Dialogues sur le*), par Valserres. 1 vol. in-12. 60 c.
Economie rurale, considérée dans ses rapports avec la chimie, la physique et la météorologie, par J.-N. Boussingault. 2 v. in-8, 2e éd. 15 fr.
Economie rurale (*Essai sur l'*) de l'Angleterre, de l'Ecosse et de l'Irlande, par Léonce de Lavergne. 2e édit. In-12. 3 50
Eléments d'agriculture, par J. Bodin. 1 vol. in-18, 3e édit., revue, augm. et ornée de planches. 1 75
Engrais azotés (*Des*), par de Gasparin, extrait par Gueymard, avec un tableau comparatif de la puissance de 119 engrais. In-8. 25 c.
Engrais (*Des*) en général, et spécialement de la manière de traiter les fumiers et le purin pour en conserver toute la valeur fertilisante, suivi de la manière de traiter les matières fécales, par M. Greff. In-8. 40 c.
Engraissement du gros bétail et des veaux, porcs, bêtes à laine et volailles, par Evon. 1 vol. in-8. 3 fr.
Engraissement (*Observations et conseils pratiques sur l'*) des veaux, des vaches et des bœufs, par Favre d'Evire. 1824, in-8. 75 c.
Enseignement de l'agriculture (*Guide de l'*), considérée comme profession, par Thaer, traduit par Sarrazin. 1 vol. in-12. 2 50
Fécondation (*De la*) et de l'Eclosion artificielles des œufs de poisson et de l'éducation du frai suivant le procédé de MM. Gehin et Remy, par Godenier. In-8. 1 fr.
Fécondation artificielle et Eclosion des œufs de poisson, par le docteur Haxo. Brochure in-8. 2 50
Fécondation et Eclosion artificielle des œufs de poisson et éducation du frai. In-8. 25 c.
Forêts (*Traité pratique de l'estimation des*) et de l'exploitation des bois de charpente, par F. et T. Challeton. 1 vol. in-8, autographié. 3 fr.
Fours économiques à circulation d'air chaud, par A. Castermann. 1 vol. grand in-8 avec 5 pl. 2e édit. Bruxelles. 2 50
Fumiers considérés comme engrais (*Des*), par Girardin. 5e édit. 1 vol. in-16 avec 11 fig. 1 25
Fumier de ferme (*Le*). (*Voir* page 3.)
Géologie appliquée aux arts et à l'agriculture, par d'Orbigny et Gente. 1 vol. in-8. 8 fr.

Grains (*Traité sur la vente des*) à la mesure, au poids de l'hectolitre ou au quintal métrique, etc. ; par Hubainé. In-4.   2 50

Grains (*Guide des négociants en*), des minotiers, meuniers et boulangers, par L. Bax fils aîné. In-8.   2 fr.

Herbier agricole, ou Liste des plantes les plus communes, par J. Bodin. 1 vol. petit in-18 orné de 110 figures.   1 50

Il faut semer clair, ou Moyen de remédier à la disette des céréales, trad. de l'anglais, de Davis, par de Thier. In-18.   30 c.

Irrigation (*Manuel d'*). (*Voir* page 3.)

Irrigations (*Petit Traité des*). (*Voir* page 3.)

Irrigations (*Guide pratique pour les*), le drainage et la culture des oseraies, suivi des lois qui les concernent, par P.-J. Brassart. In-18. 50 c.

Itinéraire en Angleterre, par M. Conrad de Gourcy. In-8.   1 fr.

Laiterie (*La*), suivie de la fabrication des fromages. (*Voir* page 3.)

Landes de Bretagne (*Mise en valeur des*) par le défrichement et par l'ensemencement en bois, par le général de Lourmel. In-8.   2 fr.

Landes de Gascogne (*Les*), routes et canaux, par C. de Saulniers. 1 vol. in-8.   3 fr.

Lapin domestique (*Traité pratique de l'éducation du*). (*Voir* p. 3.)

Maïs (*Du*). (*Voir* page 3.)

Maïs (*Alcoolisation des tiges du*) et du *Sorgho sucré*. (*Voir* p. 3.)

Maison Rustique des dames, par Mme Millet-Robinet. 2 vol. in-12, avec 250 gravures. 3e édition.   7 50

Maison Rustique du XIXe **siècle**, publiée sous la direction de MM. Bailly, Bixio et Malepeyre. 5 vol. gr. in-8 ornés de 2,500 gr.   39 50

Manuel d'Horticulture et d'Agriculture pour le département de la Gironde, par J.-C. Ramey. 1 vol. in-12.   1 75

Médecin des campagnes (*Le*), par le docteur Moreau. In-18.   2 fr.

Meunerie (*Traité pratique de la*), par E.-J. Hanon. 1 vol. in-8 de 88 pages.   10 fr.

Meunier (*Le bon*), ou l'Art de bien moudre, par J.-P. Moreau. Brochure in-8, 2e édit.   1 75

Moniteur agricole, publié par M. Magne, professeur à l'Ecole vétérinaire d'Alfort, pendant les années 1848, 49 et 50. — 3 vol. in-8, avec un grand nombre de lithographies.   10 fr.

Mouches à miel (*Traité sur les*), suivi des procédés pour faire le miel et la cire, avec divers modèles de ruche, par Bonnardel. In-8. 1 50

Moudre (*L'Art de*), ou Mémoire sur les moyens employés pour empêcher que la chaleur produite par la pression et le frottement des meules soit préjudiciable à la farine, par A. Van Lerberghe. In-8. 1 50

Moutons (*Guide de l'éleveur et de l'engraisseur de*). (*Voir* p. 3.)

Mûrier (*De la culture du*), par Boyer et Labaume. In-8.   3 fr.

Mûriers (*Instruction sur la culture des*). In-18.   25 c.

Muscardine, par Guérin-Méneville. In-8.   3 fr.

Notes agricoles extraites de divers journaux anglais. In-8.   1 fr.

Notes extraites d'un voyage agricole dans l'ouest, le sud-ouest, le midi et le centre de la France, par Conrad de Gourcy. In-8.   1 50

Oies. (*Voir l'Education des poules* de F. Alexis Espanet.)

Oiseaux de basse-cour (*Manuel de l'éleveur d'*) et de **Lapins**, par Mme Millet-Robinet, 2e édit. 1 vol. in-12 avec gravures.   1 25

Oiseaux de luxe, de volière et de cage. (*Voir* page 3.)

Osier (*Traité pratique de la culture de l'*) et de son usage dans l'industrie de la vannerie fine et commune, suivi d'un aperçu sur l'art du vannier, par A. Moitrier. 1 vol. in-8 avec 4 pl.   2 fr.

Pain (*Du*) et des Moyens d'obtenir une économie de 30 à 40 pour cent dans sa fabrication, par l'emploi d'un nouveau farineux qui a toutes les propriétés du froment, par Beaux. 1 vol. in-18.   1 50

Paysans (*Les*) français, considérés sous le rapport économique, agricole, médical et administratif, par Anacharsis Combes, président du Comice agricole de Castres, et Hipp. Combes, doct.-méd. 1 v. in-8.   6 fr.

Pêcheur (*Le*) français. Traité de la pêche à la ligne en eau douce, par C. Kresz aîné. In-12, 5e édit.   5 fr.

Pigeons (*De l'Education des*). (*Voir* page 4.)

Pigeons de colombier et de volière (*Guide de l'éleveur de*). (*Voir* page 3.)

Pisciculteur (*Guide du*). (*Voir* page 4.)

Pisciculture. Rapport sur le repeuplement des cours d'eau et sur les travaux de pisciculture de M. Millet, suivi des *Etudes sur les fécondations artificielles des œufs de poisson*, par MM. de Quatrefages et Millet. In-8.   1 25

Pisciculture (*Eléments de*), ou résumé des expériences faites au château de Maintenon, par Isidore Lamy. 1 vol. in-18 avec fig.   1 25

Pisciculture, Pisciculteurs et Poissons, par Eugène Noël. 1 vol. in-18   1 25

Plantes fourragères, par Gustave Heuze, professeur d'agriculture à Grignon. 1 vol. in-8 orné de 20 pl. col. et de 38 vignettes.   9 fr.

Plantes fourragères (*Petit traité de la culture des*), par P.-A. de Thier. In-18.   75 c.

Plantes-Racines (*Culture des*), par Max. Le Docte. In-18.   1 25

Planteur (*Manuel du*). Du reboisement, de sa nécessité et des méthodes pour l'opérer avec fruit et économie, par H. de Bazelaire. 1 vol. in-12.   1 25

Police rurale (*Manuel de*). Ouvrage utile aux fonctionnaires publics et aux propriétaires, par Thiroux, 3e édit. 1 vol. in-18.   2 fr.

Pommes de terre (*Culture et conservation des*). In-18.   25 c.

Pommes de terre (*Maladie des*). Découverte des causes, révélation des moyens de remédier au mal, études sur la maladie, par Lefebvre. 1 vol. in-8.   2 50

Pommier à cidre (*Traité pratique de l'éducation et de la culture du*), par Prévost, professeur d'agriculture à Rouen. In-18.   40 c.

Porcs (*Du Traitement des*). (*Voir* page 4.)

Porcs (*Guide de l'éleveur de*). (*Voir* page 4.)

Porcheries (*De l'établissement des*). (*Voir* page 4.)

Poules (*De l'Education des*), **Dindes, Oies et Canards**. (*Voir* p. 4.)

Poules et Poulets (*Guide de l'éleveur de*). (*Voir* page 4.)

Poules bonnes pondeuses (*Les*) reconnues au moyen de signes certains, et indications pratiques pour faire des poulets et des volailles grasses, par L. Prange, vétérinaire. 1 vol. in-12.   1 75

Poules (*Education lucrative des*), ou traité raisonné de gallinoculture, par Mariot-Didieux. 2 vol. in-12.   5 fr.

Poules (*Instruction sur l'éducation des*), des poulets, des chapons et des poulardes. In-12.   25 c.

Prairies artificielles (*Essai sur les*), luzerne, trèfle ordinaire, trèfle printanier et sainfoin ou esparcette, par H. Machard. 1 vol. in-18.   1 fr.

Prairies naturelles (*Instruction pratique sur la création des*), par Bossin. In-8.   75 c.

Production de l'alcool (*De la*) par la distillation du jus de betterave (système Champonnois). In-18.   1 50

Promenades agricoles dans le centre de la France, par Conrad
DE GOURCY. In-8.   1 fr.

Promenades agricoles (*Lectures et*), par J. BODIN. Petit in-18. 60 c.

Propriétaire architecte, contenant des modèles de maisons de ville
et de campagne, de remises, écuries, orangeries, serres, etc., par
U. VITRY. 2 vol. in 4 avec 100 grav.   20 fr.

Races bovines (*Amélioration des*). (*Voir* page 4.)

Récoltes dérobées (*Des*). (*Voir* page 4.)

Régulateur général et perpétuel des boulangeries de France, par
THIBAULT, ancien meunier. In-plano.   2 fr.

Ruche française et *Éducation des abeilles*, par VAREMBEY. 1 vol.
in-8 avec fig.   3 fr.

Sangsues (*De l'Élève et de la Multiplication des*), visite aux marais
des environs de Bordeaux, par QUENARD. In-8.   75 c.

Sangsues (*Notice sur le marais à*) de Clairefontaine, par E. SOUBEI-
RAN. In-8.   75 c.

Semailles en ligne et Semoirs. (*Voir* page 3.)

Sériciculture (*Petit Traité de*), par HAMET. 1 petit in-18, fig. 50 c.

Sol (*Du Morcellement du*), par TISSOT. 1 vol. in-8.   1 50

Sorgho à sucre (*Le*). Culture, récolte, emploi de la graine, extraction
du jus sucré, distillation, etc., par Paul MADINIER. In-8.   60 c.
    (Extrait de l'*Agriculteur praticien*.)

Sorgho à sucre (*Guide du cultivateur du*). (*Voir* page 3.)

Sorgho sucré. Résumé de deux rapports adressés à la Société d'agriculture des Bouches-du-Rhône, par ALPHANDÉRY. In-8, 3e édit.   60 c.

Sorgho à sucre (*Guide du distillateur du*), par F. BOURDAIS, distill-
lateur à Constantine. In-8.   1 fr.

Système Guénon, en forme de catéchisme. (*Voir* page 4.)

Tarif régulateur et perpétuel pour le commerce des blés et farines,
par L. THIBAULT. In-8.   1 50

Taupier (*L'Art du*), ou Méthode amusante et infaillible pour prendre
les taupes, par DRALET. 16e édit. 1 vol. in-12, fig.   1 fr.

Topinambour (*Du*). (*Voir* page 4.)

Trésor des laboureurs (*Le*). Adages, maximes et proverbes agricoles,
par Ch. LEMAOUT. 1 vol. in-18.   1 50

Truite (*De la Pisciculture de la*), par COMARMOND. In-8.   2 fr.

Vaches (*De la Castration des*), par CHARLIER, vétérinaire. In-8
avec figures.   2 fr.

Vaches laitières (*Choix des*). Description de tous les signes à l'aide
desquels on peut apprécier les qualités lactifères des vaches, par MAGNE.
In-18 avec figures.   1 25

Vaches laitières (*Des Moyens de distinguer les bonnes*), par EVON.
Brochure in-8 avec fig.   1 50

Végétaux (*Recherches sur les maladies des*) et particulièrement
sur la maladie de la vigne, par GUÉRIN-MÉNEVILLE. In-8.   25 c.
    Extrait de l'*Agriculteur praticien*.

Vers à soie (*Guide de l'éleveur de*). (*Voir* page 4.)

Vers à soie (*Éducation des*), comprenant l'éclosion des œufs, l'éducation des vers à soie, la formation et la récolte des cocons, la conservation de la graine. 2 brochures in-12.   50 c.

Vers à soie (*Éducation des*). Tableau synoptique de toutes les opérations, jour par jour, de l'éducation des vers à soie. 2 pag. in-fol. 25 c.

Vers à soie (*Gattine des*), ou Étude des causes du fléau qui a frappé
plus ou moins les éducations de 1856, par J. CHARREL. In-8.   75 c.

Vers à soie (*Manière la plus profitable d'élever les*), et sur les moyens de prévenir et guérir la muscardine, par le docteur Bassi, traduit de l'italien, par F. Gazalis, médecin. In-8. 1 fr.

Vigne (*Nouvelle Culture de la*) en plein champ, sans échalas ni attaches, par Trouillet. 1 vol. in-18 avec 12 belles gravures. 1 50

Vigne (*Observations sur la maladie de la*), par Marès. In-8. 1 fr.

Vigne (*Mémoire sur la maladie de la*) et sur le moyen curatif, par Pascal. In-8. 50 c.

Vigne (*Nouveau Mode de culture et d'échalassement de la*), applicable à tous les vignobles où l'on cultive les vignes basses, par T. Collignon. 1 vol. in-8 avec 3 pl. 3 fr.

Vigne malade (*Guérison de la*) par un nouveau mode de culture, par l'abbé J.-B. Delpy. In-8. 2 fr.

Vigne (*Maladie de la*). In-8. 25 c.

Vignes (*La Maladie des*). Notice contenant quelques observations au sujet d'un rapport à M. le ministre de l'intérieur sur les vignes malades, par F. Guérin-Méneville. In-18. 75 c.

Vinification (*Traité pratique de*), ou Guide des propriétaires, vignerons, négociants, etc., par H. Machard. 2e édit. 1 vol. in-18. 2 fr.

Vins (*Art d'améliorer les*) et de les guérir des diverses maladies qui peuvent les affecter. In-12 de 32 pages. 1 25

Visite à un véritable agriculteur praticien. (*Voir* page 3.)

Viticulture (*Premières Notions de*) et d'œnologie, dédiées à la jeunesse des écoles primaires dans les contrées viticoles, par Stoltz. In-18 accompagné de 19 pl. 90 c.

Voyage agricole en Belgique et dans plusieurs départements de la France, par Conrad de Gourcy. 1 vol. in-8. 3 50

Voyage agricole (*Second*) en Belgique, en Hollande et dans plusieurs départements de la France, par le même. In-8. 4 50

Voyage agricole (*Notes extraites d'un*) dans l'ouest, le sud-ouest, le midi et le centre de la France, par le même. In-8. 1 50

Voyage agricole en France, en Allemagne, Hongrie, Bohême et Belgique, par le même. In-12. 3 50

Voyage agricole (*Troisième*) en Angleterre et en Ecosse. In-8. 5 fr.

— dans l'intérieur de la France. In-8. 3 50

Zootechnie, ou Science qui traite du choix des animaux domestiques, de leur conservation, de leur rendement et des principales maladies dont ils peuvent être affectés, par Ch. Knoll aîné, vétérinaire. 2 vol. grand in-8 avec un grand nombre de gravures. 12 fr.

Bibliothèque de l'Horticulteur praticien.

Almanach du jardinier-fleuriste pour 1857, suivi de quelques notes sur le jardin potager, 4e année. 1 vol. in-18 avec fig. dans le texte. 50 c.

Arboriculture (*Pratique raisonnée de l'*), par Picot-Amette, horticulteur. 1 vol. in-18 avec 12 planches. 2 50

Arbres fruitiers (*Instructions élémentaires sur la taille des*), par Lachaume, ancien jardinier en chef de Petit-Bourg. 1 vol. in-18 orné de 20 figures dans le texte. 75 c.

Asperges (*Instructions pratiques sur la plantation des*), par Bossin. 2e édition. 1 vol. in-18. 75 c.

Camellias (*Traité de la culture des*), par J. DE JONGHE. 2e édit. 1 vol. in-18. 1 fr.

Champignons comestibles et vénéneux (*Traité élémentaire des*), par DUPUIS. 1 vol. in-18 avec 8 pl. col. 1 75

Chrysanthème de l'Inde (*Culture du*), suivie d'une monographie contenant la description de 250 variétés, par BERNIEAU, horticulteur. 1 vol. in-18. 1 fr.

Fuchsia (*Histoire et Culture du*), suivies de la description de 540 espèces et variétés, par F. PORCHER. 1 vol. in-18. 1 25

Horticulteur praticien (L'), *Revue de l'Horticulture française et étrangère*, publiée avec le concours des amateurs, des horticulteurs et des présidents de sociétés d'horticulture de France et de l'étranger, sous la direction de M. GALEOTTI, directeur du Jardin botanique de Bruxelles. L'*Horticulteur praticien* paraît le 1er de chaque mois, par livraison de 24 pages grand in-8, accompagnée de 2 belles lithographies color. **Prix de l'abonnement pour l'année : 9 fr.**

Jardin-Fleuriste (*Le*), ou Instructions simples et précises à l'usage des amateurs et des horticulteurs, pour la culture des plantes d'ornement, annuelles ou vivaces, oignons à fleurs, etc., par Charles LEMAIRE. 1 vol. in-18 avec figures. 3 50

Jardinier-Fleuriste pour 1856 (*Guide du*), ou *Instructions pratiques* sur la culture des plantes de pleine terre, annuelles et bisannuelles, vivaces, arbustes et arbrisseaux, par J. LACHAUME. 1 vol. in-18 fig. 3 50

Melons (*Culture des*). Méthode simple et précise pour obtenir les melons d'une grosseur extraordinaire, etc., par DUFOUR DE VILLÉROSE. 1 vol. in-18 avec 5 grav. pour l'explication des tailles. 75 c.

Pêcher en espalier (*Instructions pratiques sur la culture du*), par LASNIER, horticulteur. In-18. 50 c.

JARDINAGE.

Almanach du jardinier-fleuriste pour 1857. (*Voir* page 11.)

Arboriculture (*Cours élémentaire et pratique d'*), par A. DUBREUIL. 3e édit. 2 vol. in-18. 9 fr.

Arboriculture (*Pratique raisonnée de l'*). (*Voir* page 11.)

Arbres (*Traité élémentaire de la taille des*), par Ch. RAMEY; ouvrage couronné par la Société d'horticulture de la Gironde. 1 vol. in-12 orné de 32 fig. 1 50

Arbres fruitiers (*Instruction élémentaire sur la conduite des*), par DUBREUIL. 1 vol. in-18 fig. 2 fr.

Arbres fruitiers (*Instruction élémentaire sur la taille des*). (*Voir* page 11.)

Arbres fruitiers (*Instruction élémentaire sur la conduite et la taille des*), par CRÉUX. In-8 avec fig. 3 50

Arbres fruitiers (*Tableau de la conduite et de la taille des*), avec texte explicatif, par l'abbé DUPUY. In-plano. 2 fr.

Arbres fruitiers (*Traité théorique et pratique de la taille des*), par L. DE BAVAY. 1 vol. in-8 avec 10 planches. 3 50

Arbres fruitiers (*Pratique raisonnée de la taille des*) et de la vigne, par COSSONET. 1 vol. in-8 avec 21 planches. 5 fr.

Arbres fruitiers (*Taille raisonnée des*), suivie de la description des greffes les plus usitées, p. J.-A. HARDY. 1 v. in-8, fig. dans le texte. 5 50

Arbres fruitiers (*De la Culture des*), par P. JOIGNEAUX. In-18. 1 25

Arbres fruitiers. Taille et mise à fruit, par PUVIS. 2e édition. 1 vol. in-18. 1 25

Arbres fruitiers. Maladies et guérison, par RUBENS. 1 vol. in-18. 1 25

Asperges (*Instruction pratique sur la plantation des*). (*Voir* p. 11.)

Asperges (*Traité complet de la culture naturelle et artificielle des*), par LOISEL. 1 vol. in-12. 1 25

Bon Jardinier (*Le*) pour 1857, par POITEAU, VILMORIN, DECAISNE, NEUMANN, PÉPIN. 1 vol. in-12. 7 fr.

Bon Jardinier (*Figures de l'Almanach du*), par DECAISNE, 19e éd., 632 grav. et 45 pl. 1 vol. in-12. 7 fr.

Botanique (*Atlas élémentaire de*), avec le texte en regard, comprenant l'organographie, l'anatomie et l'iconographie des familles d'Europe, par le docteur LE MAOUT. In-4. 2,540 fig. 15 fr.

Botaniste (*Petit Manuel du*) et de l'herboriste, accompagné de planches explicatives et suivi de quelques principes de médecine, de pharmacie et d'économie domestique, par L. F., F. M. et P. M. 2e éd. 1 vol. in-12. 1 75

Boutures (*Notions sur l'art de faire les*), par NEUMANN. 3e édition. 1 vol. avec 31 figures. 2 fr.

Boutures. (*Voir* le Guide du jardinier-fleuriste.)

Cactées *Culture*. Synonymie, Classification et Table alphabétique des espèces et variétés, par LABOURET. 1 vol. in-12. 7 50

Camellias (*Traité de la culture des*). (*Voir* page 11.)

Catalogue descriptif et raisonné des arbres fruitiers et d'ornement des pépinières de André LEROY. In-8. 1 50

Catalogue général et raisonné des arbres, arbustes, arbrisseaux d'ornement, etc., par CROUX. In-4. 1 50

Catalogue raisonné et précédé d'instructions sur la plantation, la taille des arbres fruitiers, arbustes et rosiers cultivés chez JAMAIN et DURAND. In-4. 1 50

Champignons (*Traité pratique de la culture des*), par SALLE. In-18. 1 fr.

Champignons comestibles et vénéneux (*Traité élémentaire des*). (*Voir* page 11.)

Chimie et Physique horticoles, par DEHÉRAIN. 1 vol. in-18. 1 25

Chrysanthème de l'Inde. (*Voir* page 12.)

Conifères (*Traité général des*), ou Description de toutes les espèces et variétés connues aujourd'hui, leur synonymie, procédés de culture et de multiplication, par A. CARRIÈRE, chef des pépinières du jardin des Plantes de Paris. 1 vol. in-8. 10 fr.

Culture potagère (*Nouv. Traité de*) par JOIGNEAUX, 1 vol. in-18. 2 25

Culture potagère (*Petit Traité pratique de*) rustique et facile, par J. PREVOST. In-18. 40 c.

Cyclamen (*Instructions sur la culture du*), par J. DE JONGHE. In-18. (*Sous presse.*)

Fécondation naturelle et artificielle (*De la*) des végétaux et de l'hybridation, considérée dans ses rapports avec l'horticulture, l'agriculture et la sylviculture, par LECOQ. 1 vol. in-12. 3 50

Fleurs (*Album de*) annuelles et vivaces, publié par livraisons, par VILMORIN-ANDRIEUX. Prix de la liv. 4 fr.

Six liv. sont en vente. Chaque liv. se vend séparément.

Fleurs (*Instructions pour les semis de*) de pleine terre, avec l'indication de leur couleur, époque de floraison, culture, etc., par Vilmorin-Andrieux. 2e édit. In-16.   75 c.

Flore d'Alsace et des contrées limitrophes, par F. Kirschleger. Tome 1er, comprenant les *Plantes dicotyles pétalées*. 1 vol. in-18. 8 50

Flore du Dauphiné, par Mutel. 2e édition. 3 vol. in-16.   13 25

Flore élémentaire des jardins et des champs, avec des clefs analytiques conduisant promptement à la détermination des familles et des genres, et un vocabulaire des termes techniques, par le Maout et Decaisne. 2 vol. petit in-8.   9 fr.

Fuchsia (*Histoire et Culture du*). (*Voir* page 12.)

Greffe (*Traité complet de la*), contenant la description de 135 espèces de greffe, par Louis Noisette. 1 vol. in-12 avec 6 planches.   1 25

Greffes diverses. (*Voir* le Guide du jardinier-fleuriste.)

Horticulteur (*L'*) **praticien**, *Revue de l'Horticulture française et étrangère*. (*Voir* page 12.)

Horticulture (*Cours élémentaire d'*), théorique et pratique, par J. B. Verlot. 2 broch. in-18.   1 25

Jardinier (*Manuel complet du*) maraîcher, pépiniériste, botaniste, fleuriste et paysagiste, par Louis Noisette, 2e édit. 4 vol. in-8 et supplément.   30 fr.

Jardin-Fleuriste (*Le*). (*Voir* page 12.)

Jardinier-Multiplicateur (*Guide pratique du*), ou Art de propager les végétaux par semis, boutures, greffes, etc., par Carrière. In-18. 3 50

Jardins (*Traité de la composition et de l'ornement des*), avec 161 pl. représentant, en plus de 600 fig., des plans de jardins, des fabriques propres à leur décoration et des machines pour élever les eaux. 5e édit. 2 vol in-4 oblong.   25 fr.

Légumes (*Album de*), publié par livraisons, par Vilmorin-Andrieux. Prix de la livraison.   3 fr.
Six liv. sont en vente. Chaque liv. se vend séparément.

Melons (*Culture des*). (*Voir* page 12.)

Melons (*Traité complet de la culture des*), par Loisel. 3e édit. 1 vol. in-12.   1 25

Œillets (*Traité de la culture des*), par Ragonot-Godefroy. In-12, fig. 2e édit.   1 25

Pêcher en espalier (*Instructions pratiques sur la culture du*), par Lasnier, horticulteur. In-18.   50 c.

Pêcher en espalier carré (*Pratique raisonnée de la taille du*), par Al. Lepère. 1 vol. in-8 fig.   4 fr.

Pelargonium, par Thibault. 1 vol. in-18.   1 25

Pelargonium (*Traité complet de la culture des*), des **Calcéolaires**, des **Verveines** et des **Cinéraires**, par Chauvière et Lemaire. 1 vol. in-18.   2 50

Pensée (*La*), la **Violette**, l'**Auricule** ou Oreille-d'Ours, la **Primevère**. Histoire et culture, par Ragonot-Godefroy. 1 vol. in-18 avec fig. col.   2 fr.

Pépinières, par Carrière. 1 vol. in-18.   1 25

Plantes bulbeuses (*Essai sur la culture générale des*), par Lemaire. 1 vol. in-18.   1 25

Plantes potagères (*Description des*), par Vilmorin-Andrieux et Cie. 1 vol.   5 fr.

Poirier (*Taille du*) et du **Pommier** en fuseau, par Choppin. 1 vol. in-8, fig., 4e édition.   3 fr.

Poiriers (*Traité spécial de la taille des*) en quenouilles, rangés en 3 catég. selon les espèces et leur fécondité, par LASNIER. In-8 avec pl.   1 fr.

Reine-Marguerite (*Culture de la*), par MALINGRE, horticulteur. Brochure in-18.   30 c.

Rose (*La*), histoire, culture, poésie, par P.-L.-A. LOISELEUR-DES-LONGCHAMPS. 1 vol. in-12, fig.   3 50

Rosier, culture, multiplication. (*Voir le Guide du jardinier-fleuriste.*)

Serres (*Art de construire et de gouverner les*), par NEUMANN, chef des serres au Jardin des Plantes. 2ᵉ édit. 1 vol. in-4 avec 23 planches gravées.   7 fr.

Taille des Arbres simplifiée, suivie de **Conseils sur les pépinières**. 1 vol. in-18 avec planches, par F. LEFÈVRE.   2 fr.

Thermosiphon (*Pratique de l'art de chauffer par le*), avec un article sur le **Calorifère à air chaud**, par A***. 1 vol. in-4 avec 21 pl. grav.   6 fr.

PUBLICATIONS ÉTRANGÈRES.

Les abonnements à ces publications sont reçus à la Librairie centrale d'Agriculture, etc.

Belgique horticole (*La*), journal des jardins, des serres et des vergers, par C. MORREN; 7ᵉ année, publiée par livraisons mensuelles de 2 feuilles in-8 et 2 gravures coloriées. Prix de l'abonnement :   16 50

Camellias (*Nouvelle Iconographie des*), contenant les figures et la description des plus rares, des plus nouvelles et des plus belles variétés de ce genre, par A. VERSCHAFFELT, horticulteur. 12 livraisons par an. Prix de l'abonnement: 26 fr.

Feuille du cultivateur (*La*), paraissant le jeudi de chaque semaine, publiée par JOIGNEAUX. Prix de l'abonnement pour l'année :   17 fr.

Flore des serres et des jardins de l'Europe, description et figures des plantes les plus rares et les plus méritantes nouvellement introduites sur le continent ou en Angleterre, paraissant tous les mois en un cahier grand in-8 composé de 10 planches coloriées et de 32 pages de texte, avec gravures sur bois. Ouvrage publié sous la direction de L. VAN HOUTTE.— Prix de l'abonnement :   38 fr.

Illustration horticole (*L'*), journal spécial des serres et des jardins, où Choix raisonné des plantes les plus intéressantes sous le rapport ornemental, etc., rédigé par Ch. LEMAIRE et publié par A. VERSCHAFFELT. Un cahier grand in-8 tous les mois, gravures dans le texte et 4 planches coloriées. — Prix de l'abonnement :   18 fr.

Journal d'Agriculture pratique, d'économie forestière, d'économie rurale et d'éducation des animaux domestiques du royaume de Belgique, par Ch. MORREN; 6ᵉ année, publiée par livraisons mensuelles, avec planches col., portraits et grav. dans le texte. — Prix de l'abonnement :   15 fr.

Pomologie (*Annales de*), publiées par livraisons de planches grand in-8 avec texte, rédigées par MM. DE BAVAY, BIVORT, etc. — Prix de l'abonnement pour 12 livraisons, rendues franc de port :

Edition sur papier ordinaire,   26 fr.
   —   grand papier,   38